你早该
这样玩
iPhone 4 S

龙马工作室 编著

人 民 邮 电 出 版 社
北 京

图书在版编目（CIP）数据

你早该这样玩iPhone 4S / 龙马工作室编著. -- 北
京 : 人民邮电出版社，2012.10
ISBN 978-7-115-29228-5

Ⅰ. ①你… Ⅱ. ①龙… Ⅲ. ①移动电话机—基本知识
Ⅳ. ①TN929.53

中国版本图书馆CIP数据核字(2012)第202142号

你早该这样玩 iPhone 4S

◆ 编　著　龙马工作室

　　责任编辑　张　翼

◆ 人民邮电出版社出版发行　　北京市崇文区夕照寺街 14 号
　邮编　100061　　电子邮件　315@ptpress.com.cn
　网址　http://www.ptpress.com.cn
　北京画中画印刷有限公司印刷

◆ 开本：880×1230　1/24
　印张：14.17
　字数：356 千字　　　　　　2012 年 10 月第 1 版
　印数：1 – 3 000 册　　　　　2012 年 10 月北京第 1 次印刷

ISBN 978-7-115-29228-5

定价：49.00 元

读者服务热线：(010)67132692　印装质量热线：(010)67129223
反盗版热线：(010)67171154
广告经营许可证：京崇工商广字第 0021 号

内容提要

本书教您如何迅速成为 iPhone 4S 使用高手。全书对 iPhone 4S 好玩好用的部分进行精挑细选，将 iPhone 4S 的强大、迷人之处通过图文并茂的形式展示出来，图上的编号与操作步骤一一对应，从而使操作过程清晰易懂。

全书包括 15 章的学习内容。第 1 ~ 2 章主要讲解了 iPhone 4S 的激活及其基本操作方法；第 3 ~ 9 章从娱乐休闲的角度，介绍了如何利用 iPhone 4S 上网、玩游戏、听音乐、看视频、读书、网聊及拍摄照片；第 10 ~ 12 章讲解了 iPhone 4S 在办公、生活及亲子教育方面的应用；第 13 ~ 15 章结合作者的经验，介绍了 iPhone 4S 的高级应用知识，并对 iPhone 4S 的常见故障及其处理方法进行了分析解答。

本书既适合 iPhone 4S 新手阅读，也适合对 iPhone 4S 有一定了解的"果粉"参考。对于爱时尚、爱刺激、爱折腾、特别想玩 iPhone 4S 或已经在玩 iPhone 4S 的人来说，这既是一个新的起点，也是一个新的高点。

序

第一次听说 Apple 产品令人吃惊的价位时，我根本就没打算购买。可当身边的潮人秀给我看的时候，我惊呆了。我被酷炫的手指操作所折服，我为其强大的功能而着迷。于是，我出手了。

几乎是一夜之间，"苹果"风靡全世界。iPhone 霸气来袭，令其他手机瞬间黯然失色，而 iPad 更是一举占领了平板电脑的大半河山。正如其广告词所言：再一次，改变一切。

数码时代来临了！

还记得好多科幻大片中的透明电脑吧？很轻很薄甚至是透明的那种。也许 iPhone 和 iPad 就是那种未来电脑的雏形。据专家预测，3 年内主流平板电脑的价格将降低到 1000 元左右。到那时，几乎就是人手一本了。

然而，技术革新的迅猛发展难免给人措手不及之感，各种由于使用不当而造成的笑话层出不穷。记得早些年电脑普及的时候，有人拿光驱架当咖啡杯托盘，还向售后人员抱怨产品质量不行，不结实！而现在使用各种设备上网的大小潮人们，分不清腾讯 QQ 和腾讯微博的也大有人在。

要跟得上、玩得转？那就永远不要停下学习的脚步。

跟随本书一起深入学习吧！本书能带给你快乐，解决你的问题，避免你的失误。

感谢人民邮电出版社的魏雪萍老师。没有他的指导，我根本无法完成本书的创作。
感谢腾讯公司为本书提供了极好的推广平台，并进行了大量的技术支持工作。
感谢我的创作团队，邓艳丽老师与我共同担任了主编，为本书的写作提供了清晰的脉络。此外，还有副主编李震先生和陈芳女士，文案处理乔娜，版式专家胡芬，资料搜集赵源源，其他参与内容整理、筛选工作的朋友还有孔万里、陈小杰、周奎奎、刘卫卫、张高强、梁晓娟、祖兵新、郭彦君、彭超、李东颖、左琨、任芳、王杰鹏、崔姝怡、左花苹、刘锦源、普宁、王常吉、师鸣若等，他们都为本书倾尽了大量的心血。

最后，感谢亲爱的读者与我一起分享美好的时光。如果您在书中发现好的东西，请分享给您的朋友；如果发现不足的地方，请告诉我（电子邮箱：march98@163.com）。

孔长征
2012 年 7 月

前 言

您手里拿着的这本书，倾注了我们所有的感情。

数码产品就像我们的朋友，我们由陌生到熟悉，再到形影不离，中间的"曲折"实在是一言难尽。

为了让更多的读者能够真正玩好各种数码装备，在众多同仁的支持下，我们把亲身经历过的这种痛苦而又甜蜜的"折腾"过程写了出来，遂成此书。

在这里，请允许我们的自我炫耀，因为我们实在不愿意看到，您和如此优秀的图书失之交臂。

仔细地阅读吧！希望在本书的帮助下，您能够顺利"玩转"手中的数码产品。

 ## 本书特色

不挑对象

无论您是刚刚接触 iPhone 4S 的新手，还是已经成为 iPhone 4S 使用高手，都能从本书中找到一个新的起点。

简单易学

以活泼的语言和图文并茂的形式对内容进行讲解，为您营造一个轻松愉悦的环境，同时在讲解的过程中还穿插介绍了各种实用技巧和趣味功能。

实用至上

充分考虑您的需求，从实用的角度出发，避开艰深的技术问题，让您真正用好、玩好。

珠玉互连

丰富的网络资源推荐，让您知道哪些地方好玩，哪些东西好用。以"我的百宝箱"的形式对技巧和各种热点问题进行介绍，帮您彻底摆脱操作困扰。

温馨提示

　　本书介绍的操作将要涉及 iPhone 4S、iPad 以及安装有 Windows 操作系统和 iTunes 软件的 PC。另外，为了使您在阅读时更准确地理解操作步骤，本书统一了操作用语。

"单击"

　　(1) 在电脑中：用鼠标左键点击一次（这里的点击一次是指按下键和松开键这一整个过程）的动作称为"单击"，单击某个对象一般只是将对象选中，而不能将其打开。

　　(2) 在 iPhone 4S 中：用手指点住对象后松开的过程称为"单击"，单击某个对象可以在选中的同时打开该对象。

"双击"

　　(1) 在电脑中：用鼠标左键连续单击两次的动作称为"双击"。
　　(2) 在 iPhone 4S 中：用手指连续单击对象两次称为"双击"。

网址时效

　　书中提到的软件下载地址可能会有所变更，给您带来的不便敬请见谅。

我的伙伴

　　本书由龙马工作室策划，邓艳丽、孔长征任主编，李震、陈芳任副主编，乔娜、胡芬和赵源源等参与编著。参加资料搜集和整理工作的人员还有孔万里、陈小杰、周奎奎、刘卫卫、张高强、梁晓娟、祖兵新、郭彦君、彭超、李东颖、左琨、任芳、王杰鹏、崔姝怡、左花苹、刘锦源、普宁、王常吉、师鸣若等。

　　在编写本书的过程中，我们竭尽所能努力做到最好，但也难免有疏漏和不妥之处，恳请广大读者批评指正。若您在阅读过程中遇到困难或疑问，可以给我们发送电子邮件（march98@163.com），或在腾讯微博收听"24 小时玩转"进行在线交流。此外，您还可以登录我们的论坛网站（http://www.51pcbook.com），与众多朋友进行深入探讨。

　　本书责任编辑的电子邮箱为：zhangyi@ptpress.com.cn。

龙马工作室

目 录
CONTENTS

第 1 章

iPhone 4S 初体验

初次接触 iPhone 4S，让我们先体验下 iPhone 4S 的基本操作，希望能帮助读者在最短的时间内玩熟这款手机。

与 iPhone 4S 零距离接触

1.1 激活 iPhone 4S

新的 iPhone 4S 打开包装后是无法立刻拨打电话的，用户在使用前必须先将其激活。

提示

由于 iPhone 4S 装了 iOS 5 及其以上版本的系统，所以无需连接电脑上的 iTunes，即可实现无线快速激活，非常方便。

❶ 要打开 iPhone 4S（已经安装了 SIM 卡），需按住睡眠 / 唤醒键，直至屏幕上出现苹果图标█时，将手松开。

❷ 耐心等待片刻后，iPhone 4S 进入锁屏界面，向右移动滑块。

❸ 在打开的界面中选择语言，这里单击选中【简体中文】项，完成后单击 ➡ 按钮。

❹ 在打开的界面中选择国家或地区，这里单击选中【中国】项，完成后单击【下一步】按钮。

④ 在【定位服务】界面选择是否启用定位服务，完成后单击【下一步】按钮。

⑤ 在【无线局域网络】界面中选择可用的 Wi-Fi 热点（详细介绍见 3.1 节），完成后单击【下一步】按钮。

⑥ 在【设置 iPhone】界面中选择一种设置方式，这里选中【设置为新的 iPhone】选项，完成后单击【下一步】按钮。

⑦ 在【条款和条件】界面中阅读条款内容后，单击【同意】按钮后，在弹出的对话框中再次单击【同意】按钮。

⑧ 在【诊断】界面中选择是否发送诊断和用量信息,完成后单击【下一步】按钮。

⑨ 激活完成后会进入【谢谢您!】界面,单击【开始使用 iPhone】按钮,即可进入 iPhone 4S 的主界面,开始正常使用 iPhone 4S。

以后再启动 iPhone 4S 无需再激活,直接进入滑动滑块解锁的页面。

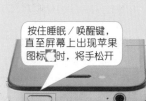

按住睡眠／唤醒键,直至屏幕上出现苹果图标 时,将手松开

向右移动滑块,即可进入主屏幕

1.2　外观与按键

玩转 iPhone 4S，须熟悉其外观和各个按键。

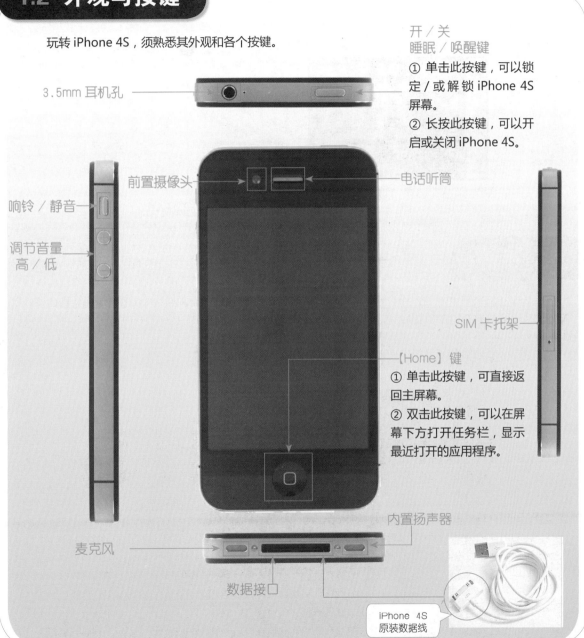

3.5mm 耳机孔

开 / 关
睡眠 / 唤醒键
① 单击此按键，可以锁定 / 或解锁 iPhone 4S 屏幕。
② 长按此按键，可以开启或关闭 iPhone 4S。

前置摄像头

电话听筒

响铃 / 静音

调节音量
高 / 低

SIM 卡托架

【Home】键
① 单击此按键，可直接返回主屏幕。
② 双击此按键，可以在屏幕下方打开任务栏，显示最近打开的应用程序。

麦克风

内置扬声器

数据接口

iPhone 4S
原装数据线

800 万像素
iSight 摄像头

LED 闪光灯

1.3 手势

沿袭 iPhone 的一贯优点，iPhone 4S 的触屏给用户带来了高效流畅的使用体验。在 iPhone 4S 中，常用的手指操作技巧有如下几种。

1. 单击：用手指快速触摸对象一下，也被称为"轻点"或"轻触"。
"单击"是 iPhone 4S 中最常用的操作之一，可以单击打开某个程序或对象。

2. 双击："双击"即连续单击两次。
在照片、网页等对象中双击可以放大显示，再次双击可以还原显示。

3. 滑动：触摸屏幕时将手指压在屏幕上不松手，然后沿着屏幕的任何方向进行拖曳。
"滑动"操作主要用于翻页。比如正在浏览很长的电话簿或网页时，向上（下）滑动就会使页面滚动至下（上）方。有些应用也要求左右滑动，如需要打开的应用程序不在当前页，用户需要向左（右）滑动来到下一页（上一页）。

4. 轻打：快速滑动后手指离开屏幕。
"轻打"比"滑动"的速度更快，而且手指离开屏幕以后屏幕内容还会继续滚动，此时可以等待屏幕自行停止滚动，也可以单击屏幕使其停止滚动。

　　5. 捏夹 / 夹放：捏夹是指同时使用拇指和食指触摸屏幕时，使两者以夹紧的手势相对运动。也可以反向捏夹，叫"夹放"。

　　在浏览照片或网页等对象时，两只手指在屏幕上做捏夹操作，即可缩小页面内容；做夹放操作，即可放大页面。

1.4　文字输入技巧

　　iPhone 4S 没有鼠标，不带键盘，但可以使用其中的虚拟键盘输入文字，体验与 iPhone 4S 的真实交互。

1.4.1　设置键盘

　　在 iPhone 4S 中输入文字前，根据自己的使用习惯设置虚拟键盘，可以方便以后更加轻松高效地在 iPhone 4S 中输入文字，从而提高打字速度。

❶ 在主屏幕中单击【设置】图标。

❷ 在【设置】界面单击【通用】选项。

❸ 在【通用】界面中单击【键盘】选项。

❹ 在【键盘】界面中即可对键盘进行各种设置，要添加输入法，需单击【国际键盘】选项。

根据个人喜好，左右滑动右侧的按钮，即可关闭或开启对应的功能

❺ 在打开的界面中即可看到已经启用的各种输入法，要添加输入法，需单击【添加新键盘】选项。

❻ 单击需要添加的输入法，完成后单击【键盘】按钮。

已经将输入法
添加至键盘

❼ 此时可返回到【键盘】界面，看到已经添加完成的输入法，单击【Home】键，即可退出【设置】界面，并返回到主屏幕。

1.4.2 调出虚拟键盘，输入文字

只要在需要输入文字的地方轻轻单击，即可调出虚拟键盘，灵活地使用虚拟键盘可以轻松输入各种文本。这里以在【备忘录】中输入文字为例进行介绍。

01 打开虚拟键盘

❶ 在主屏幕中单击【备忘录】图标。
❷ 在【备忘录】主界面右上方单击 + 按钮，即可自动弹出虚拟键盘。

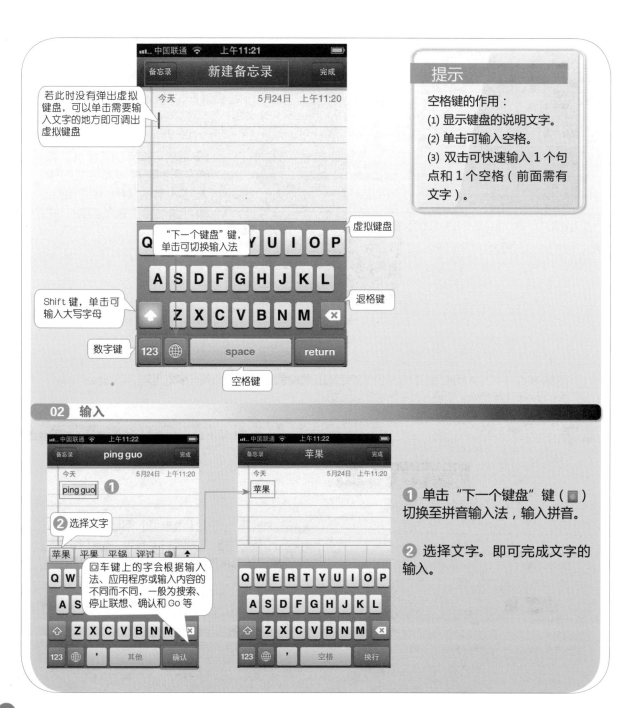

若此时没有弹出虚拟键盘，可以单击需要输入文字的地方即可调出虚拟键盘

提示

空格键的作用：
(1) 显示键盘的说明文字。
(2) 单击可输入空格。
(3) 双击可快速输入 1 个句点和 1 个空格（前面需有文字）。

虚拟键盘

"下一个键盘"键，单击可切换输入法

退格键

Shift 键，单击可输入大写字母

数字键

空格键

02 输入

② 选择文字

回车键上的字会根据输入法、应用程序或输入内容的不同而不同，一般为搜索、停止联想、确认和 Go 等

❶ 单击"下一个键盘"键（ ）切换至拼音输入法，输入拼音。

❷ 选择文字。即可完成文字的输入。

1.4.3　灵活使用虚拟键盘

要想提高在 iPhone 4S 中的打字速度，需要学会如何灵活地使用虚拟键盘。

01　切换输入法

单击可切换输入法

手写输入后可以选择形似的字

方法一：连续单击【下一个键盘】键 ⊕ 即可在几种输入法间循环切换。

方法二：按住【下一个键盘】键 ⊕ 不放，在弹出的列表中可以选择要切换的输入法。

> **提示**
>
> 可以在【设置】▶【通用】▶【键盘】中添加或删除其他输入法。
>
> 如果切换到【简体手写输入】，可在中间区域手写输入，然后在右侧选择输入的文字。

02　输入标点符号

❶ 单击【123】键，切换到数字标点符号键盘。在输入邮箱地址需要输入"@"时，可以切换到数字标点符号键盘，单击【@】键。

> **提示**
>
> 在【简体拼音输入】、【简体手写输入】和【English（US）】输入法界面中都可以按照此法输入标点符号。

@ 键

❷ 单击【#+=】键，可切换到特殊符号键盘。

03 输入大写字母

单击

大写字母开启状态

切换至英文输入法后，单击【Shift】键 ⇧，可以切换至大写字母输入状态，但只能输入一个大写字母。若需连续输入，只需按住【Shift】⇧ 键不放，连续输入字母。

提示

如果要连续输入大写字母，也可以采用下面这个简单方法进行设置。
❶ 依次单击【设置】▶【通用】▶【键盘】▶【启用大写字母锁定键】选项。
❷ 输入大写字母时，连续单击【Shift】键 ⇧ 两下，箭头就会变成蓝色，此时就可以连续输入大写字母了。

1.4.4 快速输入文字

文本的编辑包括选择、删除、复制、粘贴和撤销等。学会了文本的编辑技巧，才能更准确地输入文本，更快速地撰写邮件或短信。

01 选择文本

❶ 在主屏幕中单击【备忘录】图标，在【备忘录】主界面中单击进入要编辑的备忘录条目。

❷ 单击其中的文字，待调出虚拟键盘后再次单击，在出现的工具栏中单击【选择】按钮。

3 此时系统可自主选择最近的一个字段，左右拖动被选字段两边的手柄，可以调整选择字段的范围。

按住一个位置左右拖动，即可拖动距离最近的手柄，从而改变选择范围

02 删除选择内容

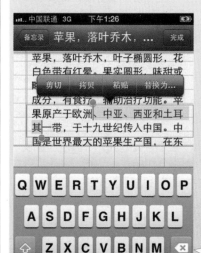

单击

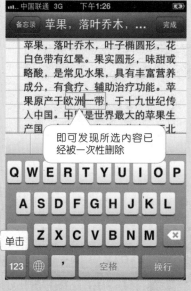

即可发现所选内容已经被一次性删除

在虚拟键盘上单击 ⊗ 按钮，即可一次性删除所选内容。

提示

此种方法可以删除所选范围内的文本，但是如果要删除的内容仅仅是单个的字符，再通过拖动选择手柄选择这些字符就有些麻烦了，下面就介绍解决方法。

03 删除少量字符

在放大镜中会更清楚地显示光标位置

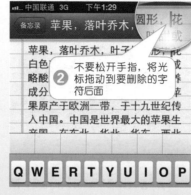

不要松开手指，将光标拖动到要删除的字符后面

① 手指按住文字不放，此时会出现放大镜。

② 不要松开手指，将光标拖动到要删除的字符后，这里将光标移动到"圆形，"后。

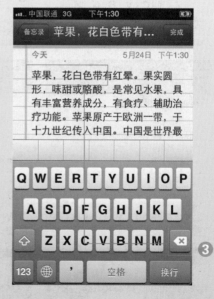

③ 松开手指，在虚拟键盘上每单击一次 ⊗ 按钮，即可从光标处向前删除一个字符，连续单击 ⊗ 按钮，直到将字符删除完全。

04 复制粘贴功能

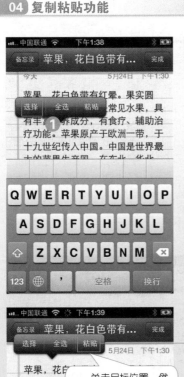

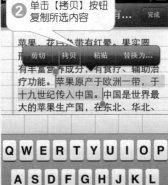

❶ 单击其中的文字，待调出虚拟键盘后再次单击，在出现的工具栏中单击【选择】按钮。

❷ 左右拖动被选字段两边的手柄，调整选择字段的范围，完成后单击【拷贝】按钮复制所选内容。

❸ 单击目标位置处，在弹出的工具栏中单击【粘贴】按钮，即可将复制的内容粘贴到目标位置。

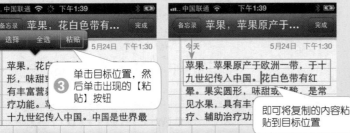

05 撤销上一步操作

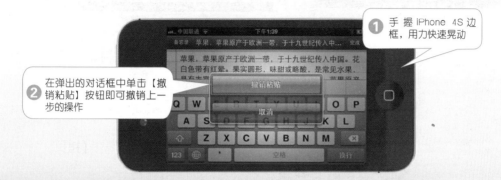

① 手 握 iPhone 4S 边框，用力快速晃动

② 在弹出的对话框中单击【撤销粘贴】按钮即可撤销上一步的操作

1.5 用好 iPhone 4S 第一步——申请账号

　　用好 iPhone 4S，首先需要购买并安装自己需要的各种应用程序和媒体内容，目前最受 iPhone 4S 用户欢迎的网络商店是苹果公司旗下的 iTunes Store。在 iTunes Store 购买商品之前，需要先在电脑或 iPhone 4S 上注册 iTunes 账号。

1.5.1 申请免信用卡账号

　　不用信用卡就可以在 iTunes Store 中申请美国或中国账号。

01 申请免信用卡美国账号

如果找不到链接，可以向下拖动滚动条

iTunes
下载地址：www.apple.com.cn/itunes

① 在电脑上安装并打开 iTunes，单击左侧列表中的【iTunes Store】项。

② 单击【更改国家或地区】链接。

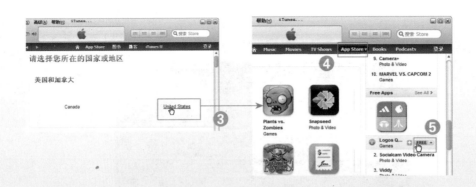

❸ 单击【United States】（美国）链接。

❹ 单击 App Store。

❺ 在右侧的【Free Apps】列表中单击一个免费应用程序中的【FREE】按钮。

提示

目前，iTunes 在我国只提供了程序商店、播客和 iTunes U 这 3 项服务，而在美国还提供了音乐、电影、电视、有声读物和电子图书等共 8 项服务。

❻ 单击【创建新帐户】按钮，即可进入注册页面开始注册。单击【Continue】（继续）按钮后，进入使用协议页面，阅读并同意协议内容后，单击【Continue】（继续）按钮。

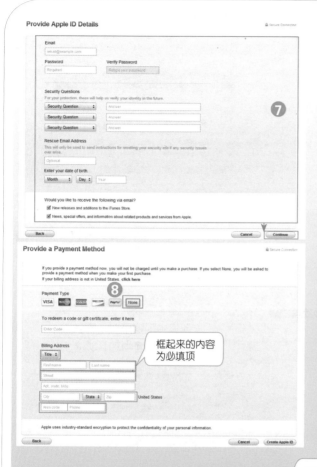

❼ 根据注册向导进入注册信息页面，填写账户信息后，单击【Continue】（继续）按钮。

❽ 单击【None】按钮，填写用户信息。单击【Creat Apple ID】按钮。

提示

只有通过购买免费商品，注册账号时才会出现【None】(无)选项。

为了方便您顺利注册美国账号，这里提供了一些美国的地址和邮编，希望对您有所帮助

序号	Street(街)	City (城市)	State (所在州)	Zip (邮编)	Area code (区号)	Phone (电话)
01	Branson Rd.	Kansas City	MO	64104	816	422—XXXX
02	Sherwood	St. Boston	MA	02100	617	832—XXXX
03	Lindley	Ave. Juneau	AK	99850	907	294—XXXX
04	Country Dr.	Dover	DE	19901	302	519—XXXX

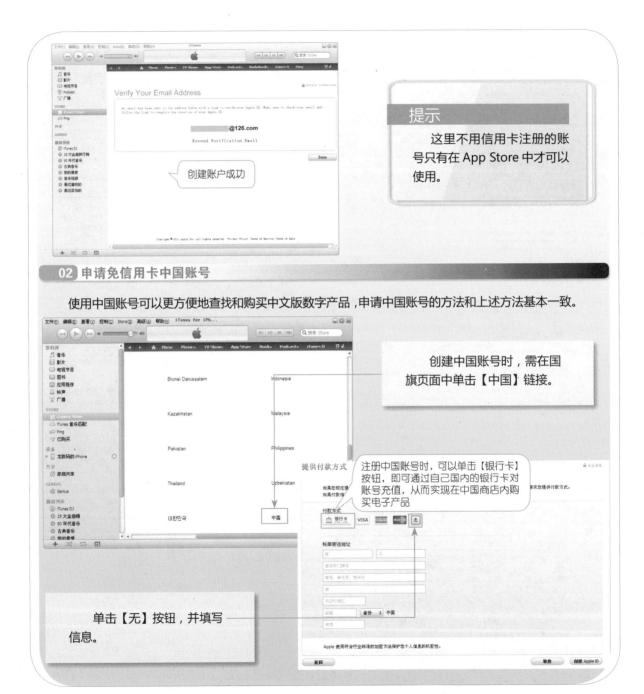

创建账户成功

这里不用信用卡注册的账号只有在 App Store 中才可以使用。

02 申请免信用卡中国账号

使用中国账号可以更方便地查找和购买中文版数字产品，申请中国账号的方法和上述方法基本一致。

创建中国账号时，需在国旗页面中单击【中国】链接。

注册中国账号时，可以单击【银行卡】按钮，即可通过自己国内的银行卡对账号充值，从而实现在中国商店内购买电子产品

单击【无】按钮，并填写信息。

03 激活账号

① 打开创建账号时使用的邮箱。

② 在收件箱中打开 Apple 发的激活邮件。

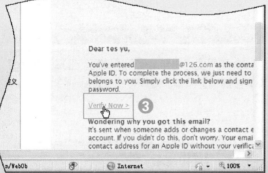

③ 单击【Verify Now】激活链接。

提示

在 iPhone 4S 的 iTunes 商店中购买商品后，如果想将其传输到电脑中，必须先将购买商品时使用的账号对电脑进行授权。授权的方法见 4.1 节。

④ 填写注册邮件和密码

⑤ 单击【Verify Address】按钮

单击【Return to the Store】（返回至商店）按钮 ⑥

04 登录账号

在电脑中登录账号，需要在 iTunes 主界面中依次单击【iTunes Store】▶【登录】选项，然后在弹出的【iTunes】对话框中输入账号和密码，完成后单击【登录】按钮，即可登录账号，在 iPhone 4S 中登录账号的方法参见 1.4.2 小节结尾处内容。

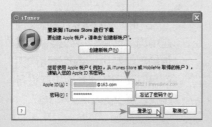

提示

如果要退出当前使用的账号，选择【Store】▶【注销】菜单命令即可。

提示

将注册的账号授权给电脑后，才能在电脑和苹果手持设备之间传输数字产品（该数字产品须由授权过的账号购买）。

　　注册了账号后，在 iPhone 4S 中的 App Store 中购买并下载商品时，需要在 iPhone 4S 中登录账号。用户可以在进入 App Store 之前先在【设置】界面登录账号，也可以在购买商品时弹出的对话框中登录。提前在【设置】界面中登录账号的方法如下。

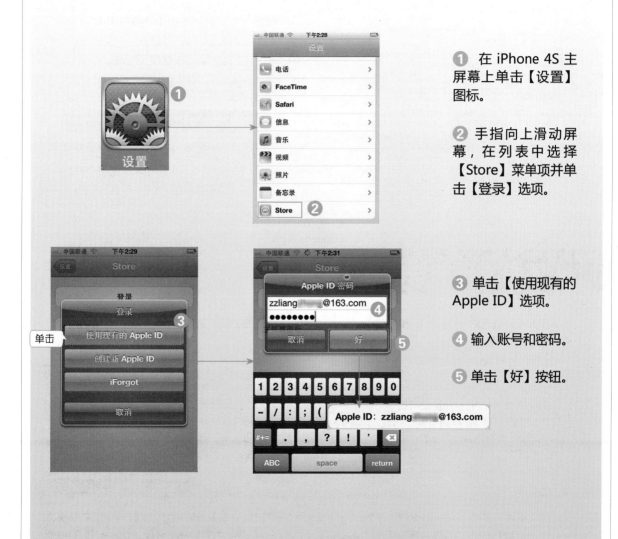

❶ 在 iPhone 4S 主屏幕上单击【设置】图标。

❷ 手指向上滑动屏幕，在列表中选择【Store】菜单项并单击【登录】选项。

❸ 单击【使用现有的 Apple ID】选项。

❹ 输入账号和密码。

❺ 单击【好】按钮。

1.5.2 申请信用卡账号

使用信用卡创建账号与免信用卡注册账号的方法类似。

在该界面中选择信用卡类型后，输入信用卡卡号、安全码以及有效期等信息。

提示

使用国内的信用卡不能注册美国账号，只有使用美国信用卡或购买美国的 Gift Card，才能注册美国账号。

1.6 不易发现的快捷键

除了开 / 关机等对按键的基本操作外，还有一些快捷键的使用技巧，熟知快捷键的使用方法会给用户的操作带来很多便利。

01 开 / 关机

1. 强制关机：在 iPhone 4S 开机状态下，同时按【睡眠 / 唤醒】键 +【Home】键保持 7 秒（期间会出现关机滑块），即可强制关机。当 iPhone 4S 出现死机或软件无法退出时可以采用此法。
2. 自动重启：在开机状态下，同时按【睡眠 / 唤醒】键 +【Home】键保持 8 秒（期间会出现关机滑块）出现苹果商标，即可重新启动。当 iPhone 4S 出现死机或软件无法退出时可以采用此法。

02 屏幕截图

开机状态下，无论锁屏还是没锁屏，同时按【睡眠 / 唤醒】键 +【Home】键，然后同时松开，屏幕白了一下并听到照相的"喀嚓"声，这时当前的屏幕已经被快照到照片图库中。打开 iPhone 4S 的相册即可查看。当然也可以连接电脑在电脑里进行查看或者编辑。

03　退出软件

1. 退出运行的软件：在软件运行状态下（未锁屏时），按一下【Home】键，即可回到桌面（主屏幕）。
2. 强制退出运行的软件：在软件运行状态下（未锁屏时），按【Home】键 8 秒，即可回到桌面。此法可用在软件假死时。

04　音乐播放

(1) 在锁屏状态下连按两下【Home】键，会出现音乐播放器的简单控制（播放、暂停、上一首和下一首）。当然按照这样的操作 4S 还会在屏幕右下角出现相机图标，单击该图标之后即可进入相机程序，体验锁屏状态下瞬间进入拍照状态进行拍照。
(2) 在未锁屏状态下连按两次【Home】键，会打开任务管理栏，看到最近打开过的软件和音乐播放器的控制按钮。
(3) 原装耳机线控中间的"暂停键"，播放音乐时按一下该键暂停，连按两下播放下一首，连按三下可以后退倒歌。

05　电话

1. 拒接来电：有来电时双击电话顶部【睡眠 / 唤醒】键即可拒接来电。
2. 静音处理：按一下音量键或按一下【睡眠 / 唤醒】键，来电会继续，但铃声变静音。
3. 语音控制：锁屏状态下长按【Home】键打开语音控制（识别率不高），可以语音拨号或者播放歌曲等。

耳机线控部分说明：

4. 线控接听：原装的耳机上，按下中央按钮一次以接听来电，再次按下中央按钮以结束通话。
5. 线控挂断：按住中央按钮大约两秒钟，然后松开中央按钮，会发出两声低音"嘟嘟"声，确认已拒接了电话。

1.7　我的百宝箱

1.7.1　旋转屏幕的其他发现

旋转 iPhone 4S 时，屏幕也会跟着旋转，可是根据笔者经验，屏幕并不是简单的旋转。
(1) 在打开某些应用程序时，屏幕不可以再随心所欲地旋转。
(2) 在使用极个别应用程序时，屏幕横向和竖向所显示的界面内容可能会有所变化。

1.7.2 iPhone 4S 充电解疑

1. 如何充电？需要关机充电么？

使用原装充电器，将数据线的一端连接在充电器上，一端连接在 iPhone 4S 上，在 iPhone 4S 的右上角显示百分比和带闪电的电源图标，就表示正在充电。

iPhone 4S 在开机和关机状态下都能充电，你也可以边充电边玩 iPhone 4S。

2. 什么时候充电？需要充多长时间？

iPhone 4S 右上角的电量显示为 10%，就需要充电了，尽量不要用到 iPhone 4S 提示电量低或 iPhone 4S 自动关机才充电。

iPhone 4S 右上角显示 100%，电池图标中显示一个小插头，就表示已经充满电了，此时可以断开充电器。一般充电时间在 3~5 小时，而不必像有些人说的要充满 12 个小时（即使是新买的 iPhone 4S 也不必），那样有可能会对电池造成损坏。

3. 为什么充不上电？

(1) 充电时要使用原装的充电器和数据线，以免充不上电或对 iPhone 4S 造成损坏。

(2) 室内温度过低（0℃左右或以下），有时也无法充电，可以用毛毯盖住 iPhone 4S，待 iPhone 4S 温度升高后即可充电。

(3) iPhone 4S、充电器、数据线损坏时，也无法充电，可联系购买商或维修商更换或者维修设备。

第 2 章

iPhone 4S，首先是一部手机

褪去各种华丽的外衣，iPhone 4S 首先是一部优秀的手机，其通话和短信功能给众多使用者带来了舒适快捷的使用体验。

只有想不到，没有做不到

2.1 基本功能——打电话、发短信

打电话、发短信是人与人之间交流最便捷的方式之一，iPhone 4S 首先是一部手机，自然具备拨打、接听电话和添加联系人等的基本功能。

2.1.1 基本设置

在使用 iPhone 4S 打电话、发短信之前，需要先根据自己的喜好对【电话】和【信息】两个应用程序进行设置，设置的方法如下所示。

01 设置【电话】

❶ 在 iPhone 4S 主屏幕上单击【设置】图标。

❷ 手指向上滑动屏幕，在列表中选择【电话】选项。

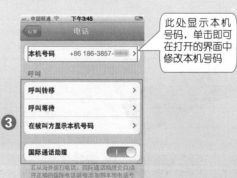

此处显示本机号码，单击即可在打开的界面中修改本机号码

❸ 在打开的【电话】界面中可以根据需要设置来电时的【呼叫转移】和【呼叫等待】等。

02 设置【信息】

❶ 在 iPhone 4S 主屏幕上单击【设置】图标，在列表中单击【信息】选项。

❷ 打开【信息】界面，根据需要设置短信发送和接收的方式。

2.1.2 添加联系人

经常与某个人联系？那还不赶快将其添加到 iPhone 4S 的通讯录中！

❶ 在主界面中单击【电话】图标按钮。
❷ 单击【通讯录】按钮。

电话

❸ 单击 ✚ 按钮。

❹ 输入联系人的姓、名、电话及其他联系信息。

❺ 单击【添加照片】按钮，可以添加联系人图片。

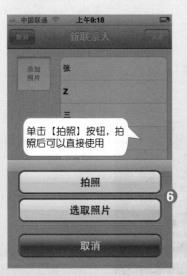

❻ 单击【选取照片】按钮。

❼ 在打开的相簿中选择照片后，单击打开。

❽ 单击【选取】按钮。

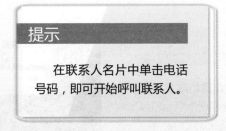

❾ 单击【完成】按钮，即可完成联系人的创建。

提示

在联系人名片中单击电话号码，即可开始呼叫联系人。

2.1.3 接打电话

添加了联系人之后，即可使用 iPhone 4S 拨打或接通朋友的电话，畅所欲言地聊天了。

01 拨打电话

在拨号键盘中直接拨号，或者在通讯录、最近通话、个人收藏中轻按联系人或其号码，都能快速拨出电话。

提示

如果与联系人有过通话记录，也可以在通话记录中直接单击号码呼叫联系人。

❶ 在主界面中单击【电话】图标按钮。

❷ 单击【拨号键盘】按钮。

❸ 在呼叫键盘上依次单击呼叫号码。

退格键，单击可向前清除1位输入的号码

❹ 单击【呼叫】按钮，呼叫联系人。

02 接 / 拒电话

电话来了，接或不接，你说了算！

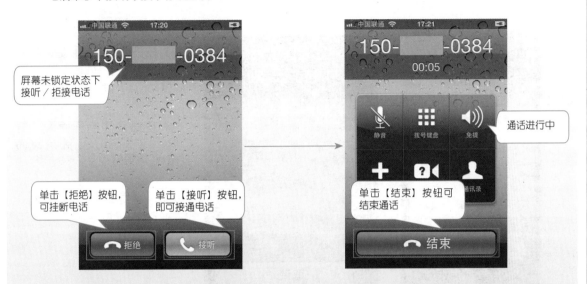

屏幕未锁定状态下接听 / 拒接电话

单击【拒绝】按钮，可挂断电话

单击【接听】按钮，即可接通电话

通话进行中

单击【结束】按钮可结束通话

在屏幕锁定状态下，来电时并没有【拒绝】按钮或【接听】按钮，此时直接移动滑块可以接听电话，连续按两次睡眠 / 唤醒键，可以拒绝来电。

在锁屏状态下移动滑块可以接听电话

快速按两次睡眠 / 唤醒键，可以拒绝来电

2.1.4 边打电话边开车——语音拨号

如果你正在开车双手无暇分身，或者认为手动拨号太麻烦，那么你就试试语音拨号。

❶ 按住【Home】键。打开"语音控制"界面后，松开【Home】键。

❷ 在语音控制界面说"打给……（人名）"，即可拨通电话。

2.1.5 收发普通短信

iPhone 4S 独特的短信功能让收发短信跟聊天一样简单快捷，首先了解一下如何收发普通短信。

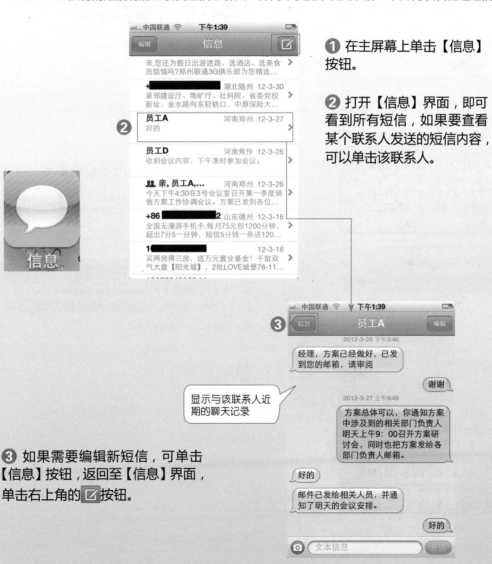

❶ 在主屏幕上单击【信息】按钮。

❷ 打开【信息】界面，即可看到所有短信，如果要查看某个联系人发送的短信内容，可以单击该联系人。

显示与该联系人近期的聊天记录

❸ 如果需要编辑新短信，可单击【信息】按钮，返回至【信息】界面，单击右上角的 按钮。

④ 在【新信息】界面的【收件人】栏右侧单击"添加"按钮 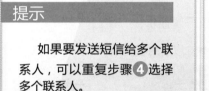，即可在打开的电话簿中单击选中短信的发送对象。

提示

如果要发送短信给多个联系人，可以重复步骤④选择多个联系人。

⑤ 在电话簿中选中发送对象后，会自动返回到【新信息】界面，并在【收件人】栏中显示所选的联系人，单击下方的文本输入框，即可输入短信内容。

⑥ 单击【发送】按钮，即可发送短信。

2.2 彻底解决通讯录问题

　　您是否因为更换手机而不得不在新手机中重新输入常用联系人而深感不便？您是否因为随手机丢失的通讯录而烦恼过？如果有，那么让我们想法彻底解决由通讯录引起的各种问题吧！

2.2.1 将旧手机的通讯录转移至 iPhone 4S

　　换了新手机，转移通讯录是头等大事，逐个手动输入联系人是最花费时间的下下之选。除此之外，还有很多方便快捷的方法。

01 将非智能机的通讯录转移至 iPhone 4S

　　如果你以前的手机是非智能机，只要手机卡中存有通讯录（可提前将旧手机中的通讯录转移至 SIM 卡），将手机卡拆下并重新安装到 iPhone 4S 后（一般需要剪卡），即可将手机卡中的通讯录转移到 iPhone 4S 手机。

❶ 将 SIM 卡装到手机后，开机返回主屏幕，单击【设置】图标。

❷ 进入【设置】界面，单击【邮件、通讯录、日历】选项。

❸ 进入【邮件、通讯录、日历】界面，单击【导入 SIM 卡通讯录】选项。

❹ 在弹出的对话框中选择通讯录保存的目标位置，即可将刚装的 SIM 卡中的通讯录成功转移到 iPhone 4S 手机。

如果你以前的手机是智能机，只要手机可以安装并使用"QQ 通讯录"软件，即可提前将手机中的通讯录备份至 QQ 通讯录，然后再在 iPhone 4S（需连接网络）中打开并登录 QQ 通讯录，将通讯录下载至 iPhone 4S 手机。

❶ 在 iPhone 4S 中安装"QQ 通讯录"软件，然后在主屏幕中单击【QQ 通讯录】图标。

❷ 打开【QQ 通讯录】主界面，在界面底部单击【设置】选项，然后在打开的【设置】界面中单击【帐号管理】选项。

③ 在【帐号管理】界面中单击【QQ 帐号】选项。

④ 在【QQ 号验证】界面中单击【开始吧】按钮。

⑤ 输入 QQ 号码和密码，完成后单击【验证】按钮。

⑥ 登录 QQ 账号后会显示 QQ号码，依次单击界面左上方的【帐号管理】➤【设置】按钮返回软件主界面。

7 在软件主界面底部单击【工具】选项,然后在【工具】选项卡中单击【通讯备份】选项。

单击【备份】按钮,可以将 iPhone 4S 中的通讯录备份至 QQ 通讯录的云端

8 在【通讯备份】界面中单击【恢复】按钮。

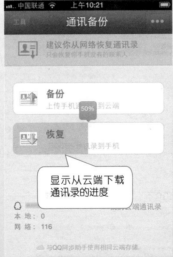

9 在弹出的提示框中单击【确认】按钮,即可开始从 QQ 通讯录的云端下载通讯录至 iPhone 4S 手机。

显示从云端下载通讯录的进度

提示

提前将旧手机中的通讯录备份到 QQ 通讯录云端,此处即可间接完成将通讯录从旧手机转移到 iPhone 4S 手机的过程。

⑩ 等待片刻，在弹出的【恢复成功】对话框中单击【确定】按钮，即可完成通讯录从旧手机到 iPhone 4S 手机的转移。

此处显示本地联系人添加的数量等信息

提示

在电脑的 IE 浏览器地址栏中输入 "http://ic.qq.com"，即可登录 QQ 通讯录云端，用 PC 管理、添加和删除联系人，还可以为联系人添加分组，此处的联系人分组同样可以被下载到 iPhone 4S 通讯录中。

刚换手机，iPhone 4S 通讯录中空无一人

将旧手机中的通讯录转移至 iPhone 4S

2.2.2 永不丢失的通讯录

您是否因为丢失通讯录而烦恼过？您是否因为管理手机和邮箱上的多个通讯录而感到不便？将通讯录放置到网络上，并实现网络和手机实时双向同步，就可以真正拥有永不丢失的通讯录。

01 备份手机通讯录到邮箱中

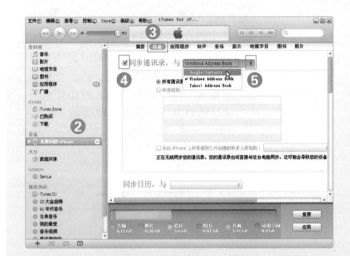

❶ 使用数据线将 iPhone 4S 与电脑连接，在电脑中启动 iTunes。

❷ 在 iTunes 中单击识别的 iPhone 4S 名。

❸ 单击【信息】按钮。

❹ 勾选【同步通讯录】复选框。

❺ 单击【与】后的，在弹出的列表中选择【Google Contacts】选项。

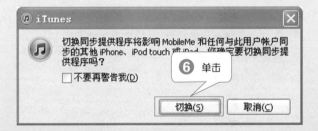

❻ 在弹出的【iTunes】对话框中单击【切换】按钮。

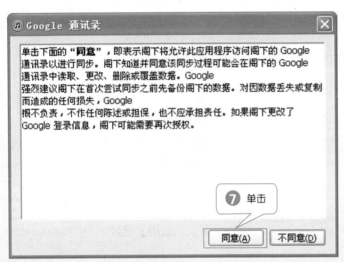

7 在弹出的【Google 通讯录】对话框中单击【同意】按钮。

8 输入已有的 "google" 邮箱的账号和密码，然后单击【确定】按钮，连接邮箱后，单击【iTunes】界面中的应用按钮，即可同步通讯录到邮箱中。

9 在电脑中登录邮箱，单击【通讯录】选项，即可看到同步到邮箱中的通讯录了。根据需要，我们还可以直接在邮箱中添加新的联系人。

02 在 iPhone 4S 中使用邮箱通讯录

在邮箱中已经备份了通讯录，怎样才能将其应用到 iPhone 4S 中呢？

❶ 在 iPhone 4S 中单击【通讯录】图标，查看通讯录（此时通讯录已丢失），然后在主界面单击【设置】图标。

❷ 在【设置】界面单击【邮件、通讯录、日历】选项。

❸ 在【邮件、通讯录、日历】界面单击【添加账户】选项。

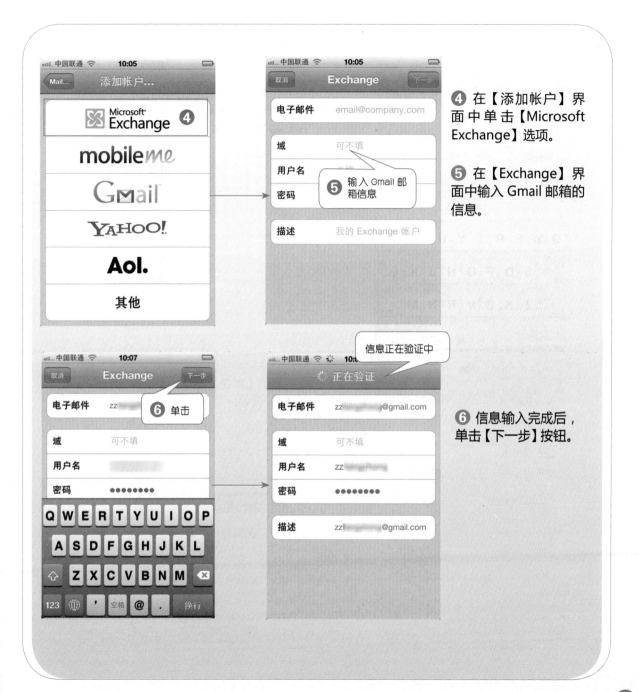

④ 在【添加帐户】界面中单击【Microsoft Exchange】选项。

⑤ 在【Exchange】界面中输入 Gmail 邮箱的信息。

⑥ 信息输入完成后，单击【下一步】按钮。

❼ 在显示的【服务器】选项中输入 "m.google.com"，然后单击【下一步】按钮。

❽ 关闭【邮件】选项，然后单击开启【通讯录】选项。

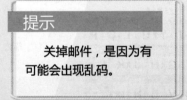

提示

关掉邮件，是因为有可能会出现乱码。

❾ 在弹出的列表中单击【删除】按钮，
然后再次单击【删除】按钮。

提示

　　如果你想保留 iPhone
4S 上现有的本地通讯录，可
单击【保留在我的 iPhone
上】按钮。

⑩ 单击【存储】按钮，即可保存设置。

在 iPhone 4S 中打开通讯录，我们可以发现，已经将邮箱中的联系人恢复到手机中了。如果本机或 iCloud 中保存有通讯录，则会在左上方出现【群组】按钮，单击此按钮，可以在打开的界面中选择显示所有、本机、Exchange 或 iCloud 上的通讯录。

2.3 高级功能——通话功能之敢想敢用

拥有了 iPhone 4S，怎能满足于使用一些基本的通话功能？在果粉们多种使用需求的驱使下，众多奇妙用法及软件层出不穷。

2.3.1 接电话先看清是谁

接电话之前，先看清来电显示，看看是谁打的电话，如果是陌生来电，则从号码归属地上判断一下是否是自己熟识的人，以免接到不怀好意的陌生来电。要使 iPhone 4S 在来电时同时显示号码及其归属地，需要在 iPhone 4S 中安装 "KuaiDial 电话拨号" 软件。

01 **在 iPhone 4S 中安装 KuaiDial 软件**

❶ 在 iPhone 4S 主屏幕单击【Cydia】图标。

❷ 在软件主界面底部单击【搜索】选项卡。

❸ 在顶部搜索框中输入 "Kuaidial"，单击【搜索】按钮，在显示出的搜索结果列表中单击要下载安装的软件 "KuaiDial 电话拨号助手"。

> **提示**
>
> 将 iPhone 4S 越狱后才能安装 KuaiDial 软件，越狱的具体方法参见第14章。

④ 打开软件【详情】界面，单击【安装】按钮。

⑤ 在【确认】界面中单击【确认】按钮。

⑥ 开始下载并安装软件，安装完成后在【完成】界面中单击【重启 SpringBoard】按钮，即可注销并重启 iPhone 4S。

02　让手机显示来电归属地

❶ 在 iPhone 4S 的主屏幕单击【设置】图标。

❷ 在【设置】界面中单击【KuaiDial】选项。

向右滑动选项右侧的按钮，使其变成，即可开启对应的功能

❸ 单击【来电】选项。

❹ 在【来电】界面中根据需要选择是否显示归属地、归属类型（即所属运营商，如联通或移动）及归属地样式等。

⑤ 设置显示归属地和归属类型等选项后，按下【Home】键退出【设置】界面，即可返回主屏幕，以后再有来电，就可以显示出来电号码的归属地。

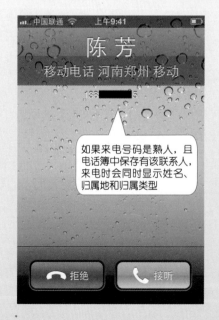

如果来电号码是熟人，且电话簿中保存有该联系人，来电时会同时显示姓名、归属地和归属类型

如果是陌生来电，此时会显示来电号码、归属地和归属类型，我们可以以此判断是否需要接听这个电话

2.3.2 巧妙拒接电话与黑名单

如果您经常受到陌生号码的骚扰，或者在某些场合不方便接听某些人的电话，也可以在 iPhone 4S 中安装 "Kuaidial 电话拨号" 软件，安装后 iPhone 4S 就可以根据预先设置自动拒接不想听到的电话。

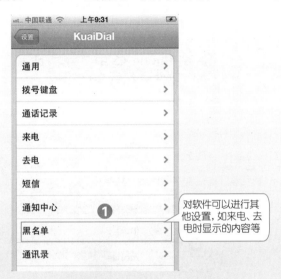

❶ 在 iPhone 4S 中安装 "KuaiDial 电话拨号" 软件后，在主屏幕中单击【设置】图标，在【设置】界面中单击【KuaiDial】选项，打开【KuaiDial】界面，单击【黑名单】选项。

对软件可以进行其他设置，如来电、去电时显示的内容等

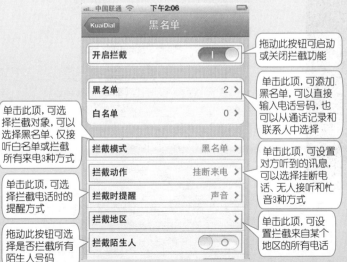

❷ 打开【黑名单】界面，开启拦截功能，并预先设置拦截来电的对象和方式。

拖动此按钮可启动或关闭拦截功能

单击此项，可添加黑名单，可以直接输入电话号码，也可以从通话记录和联系人中选择

单击此项，可选择拦截对象，可以选择黑名单、仅接听白名单或拦截所有来电3种方式

单击此项，可设置对方听到的讯息，可以选择挂断电话、无人接听和忙音3种方式

单击此项，可选择拦截电话时的提醒方式

单击此项，可设置拦截来自某个地区的所有电话

拖动此按钮可选择是否拦截所有陌生人号码

2.3.3 找到离开的理由——及时的救场电话

当你在某些场合感觉无聊,急于离开的时候,急需一个来电救场,这时用"Fake Call"软件来伪装来电,帮你找到离开的理由。

❶ 在 iPhone 4S 中下载"Fake Call"软件，然后单击该图标。

❷ 单击

❷ 进入界面后，单击【Settings】按钮（也可以单击【Start】按钮，即可立即伪装呼叫）。

❹ 单击

❸ 设置各个选项

设置等待的时间

❸ 在设置界面可以设置来电人的姓名、来电时间和来电铃声等。

❹ 设置完成后，单击【Save】按钮。

进入模拟"屏幕锁定"界面。到了设定的时间后，即可看到模拟来电界面。

2.4　高级功能——短信随意发

通过在 iPhone 4S 中安装辅助软件，可以使用一些高级功能，从而满足我们随意收发短信及管理短信的需求。

2.4.1　快速群发短信

"一键群发"软件让你轻松创建和编辑用户群，同时可以让你一键给多个朋友发送信息。

❶ 在 iPhone 4S 中下载"一键群发"软件，然后单击该图标。

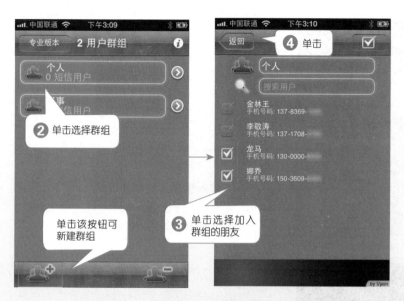

② 进入群用户界面，单击需要添加朋友的群名称（这里单击"个人"）。

③ 单击要添加到个人的联系人。

④ 单击【返回】按钮。

⑤ 单击要群发短信的群组名。

⑥ 在短信界面输入短信内容，然后单击【发送】按钮，即可群发短信。

2.4.2　定时短信助手

定时短信助手可以帮你抓住发送短信的最佳时机。

❶ 在 iPhone 4S 中下载"定时短信助手"软件，然后单击该图标。

❷ 在界面中单击【新建短信】按钮。

❸ 单击 👤 图标，添加联系人。

❹ 单击 📅 图标。

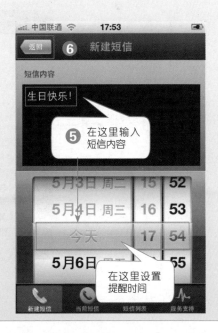

❺ 在新建短信界面输入短信内容，并设置提醒的时间。

❻ 单击【返回】按钮。

⑦ 单击【添加】按钮，即可添加短信提醒时间，然后单击【OK】按钮。

⑧ 到设定时间后，会弹出提示信息，拖动滑块。

⑨ 进入信息发送界面，单击【发送】按钮。

⑩ 发送完毕后弹出【短信已成功提交】提示框，单击【OK】按钮，即可完成信息的发送。

2.4.3　为你的信息加上一把锁

你还在担心你的短信被别人偷看吗？为了短信的安全，可以采用短信加密，使您的手机短信更加安全。

❶ 在 iPhone 4S 中下载"安全短信"软件，然后单击该图标。

❷ 输入信息内容

❷ 在空白区域中输入短信内容。

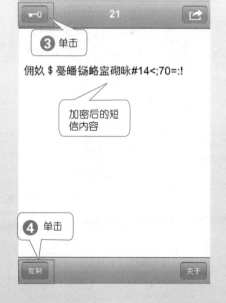

❸ 单击

加密后的短信内容

❹ 单击

❸ 单击 按钮，进行加密。

❹ 单击【复制】按钮。

⑤ 在弹出的【警告】提示框中单击【好】按钮。

⑥ 单击  按钮，在弹出的列表中选择【短消息】选项。

⑦ 在弹出的【警告】对话框中单击【是】按钮。

⑧ 在【新短信】界面粘贴信息，然后单击【发送】按钮，即可发送加密后的短信。

提示

收发短消息的双方都必须装有该软件，才可解密收到的信息。

2.5 高级功能——发彩信

　　iPhone 4S 手机不但可以发短信，还能发彩信，通过彩信的收发，我们可以将丰富的图片、声音或视频等多媒体内容发送给好友。

2.5.1 快速设置

　　在收发彩信之前，需要进行必要的设置。

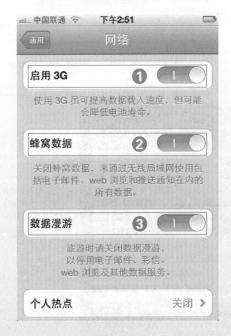

❶ 在 iPhone 4S 主界面中依次单击【设置】➤【通用】➤【网络】选项，在【网络】界面中开启【启用 3G】。

❷ 启用【蜂窝数据】选项。

❸ 启用【数据漫游】选项。

> **提示**
>
> 　　联通的网络设置是预置的，如果手机装的是联通卡，则操作到这里，一般就能顺利收发彩信了。但是如果不能，请参照下面的方法在【蜂窝数据】界面进行设置。

　　1. 中国联通设置方法：
　　将蜂窝数据一栏里的【APN】设为 "3gnet"
　　将【彩信】下的【APN】设为 "3gwap"
　　将【MMSC】设置为 http://mmsc.myuni.com.cn/
　　将【彩信代理】设置为 "10.0.0.172:80"
　　将【最大的彩信大小】设置为 "5000"

2. 中国移动设置方法：

将蜂窝数据一栏里的【APN】设为"cmnet"

将【彩信】下的【APN】设为"cmwap"

将【MMSC】设置为"http://mmsc.monternet.com"

将【彩信代理】设置为"10.0.0.172"

将【最大的彩信大小】设置为"5000"

2.5.2 发送彩信

彩信支持多媒体功能，能够传递文字、图像、声音和视频等各种多媒体格式的信息，这里以发送图片为例介绍彩信的发送方法。

❶ 在主屏幕中单击【照片】图标，在打开的【照片】界面中找到并单击要发送的照片，查看照片，在左下部单击 ↗ 按钮。

❷ 在弹出的快捷菜单中单击【信息】按钮。

❸ 此时会自动进入【新信息】界面，单击【收件人】右侧的"添加"按钮 ➕ 。

❹ 在打开的电话簿中单击彩信的发送对象。

❺ 打开所选联系人的详细界面，单击要发送彩信的电话号码。

❻ 此时返回到【新信息】界面，单击【发送】按钮即可发送彩信。

❼ 在主屏幕上单击【信息】按钮。打开【信息】界面，即可看到所有短信，单击已经发送的彩信，即可查看彩信内容。

2.6 我的百宝箱

2.6.1 快速删除短信

日积月累，iPhone 4S 接收到的短信越来越多，删除短信已经势在必行。这里根据笔者的使用经验，从不同的需求出发，向读者介绍几种删除短信的方法。

01 删除某个联系人的所有短信记录

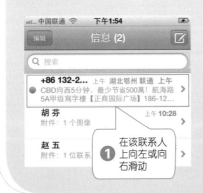

❶ 在主屏幕上单击【信息】按钮。打开【信息】界面，即可看到所有短信，手指在要删除所有短信的联系人上向左或向右滑动。

❷ 此时该联系人右侧会出现【删除】按钮，单击该按钮即可删除与该联系人的所有短信聊天记录。

要删除与某个联系人的所有聊天记录，还可以在【信息】界面中单击【编辑】按钮，此时所有联系人前面都会出现 ➖ 按钮，单击某个联系人前的 ➖ 按钮，此时按钮会变成 ，单击该联系人右侧出现的【删除】按钮，也可以删除与该联系人的所有聊天记录。

02 删除某个联系人的短信记录中的某一条短信

❶ 打开并查看与某个联系人的所有聊天记录，单击右上部的【编辑】按钮。

❷ 单击要删除的某一条短信，完成后单击【删除】按钮，即可删除该条短信。

03 一键删除所有短信

　　目前，要实现在 iPhone 4S 中一键删除所有短信，需要先将 iPhone 4S 越狱（越狱方法详见第 14 章），越狱后添加源 "http://mxms.us/repo"，完成后搜索并安装 "DeleteALLSMS"，添加源及搜索安装软件的方法请参见第 14 章。

❶ 在主屏幕上单击【信息】按钮。打开【信息】界面，单击左上方的【编辑】按钮。

❷ 此时在界面右上方会多出【Delete All】（删除全部）按钮，单击该按钮，即可删除手机中现有的所有短信。

2.6.2 删除通话记录

通过查看通话记录，可以看到最近使用 iPhone 4S 接打电话的使用情况，当然如果您不希望别人看到自己的通话记录，可以将通话记录删除掉。

❶ 在主屏幕上单击【电话】图标。在【电话】界面底部单击【通话记录】按钮，此时会看到近期的通话记录。

❷ 在右上方单击【编辑】按钮。

❸ 此时所有通话记录前面都会出现 ⊖ 按钮，单击某个通话记录前的 ⊖ 按钮。

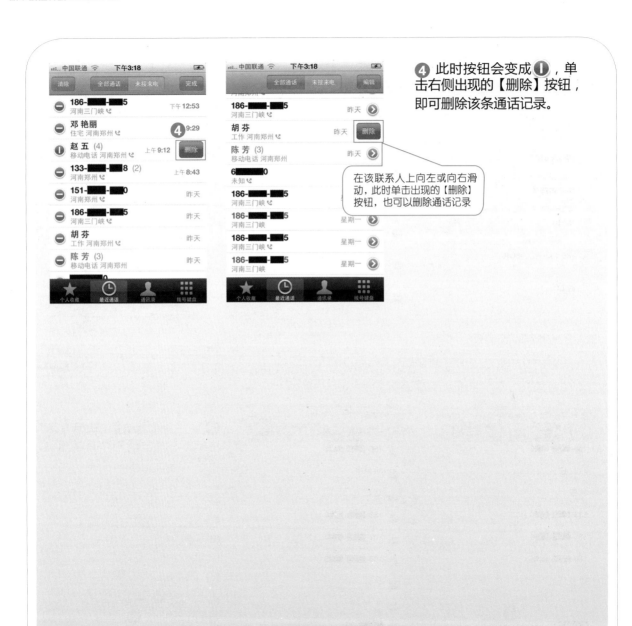

❹ 此时按钮会变成 ⬤ ，单击右侧出现的【删除】按钮，即可删除该条通话记录。

在该联系人上向左或向右滑动，此时单击出现的【删除】按钮，也可以删除通话记录

第 3 章

搭载 iPhone 4S 这叶扁舟，可以让你随时随地畅快地遨游在网络海洋中。

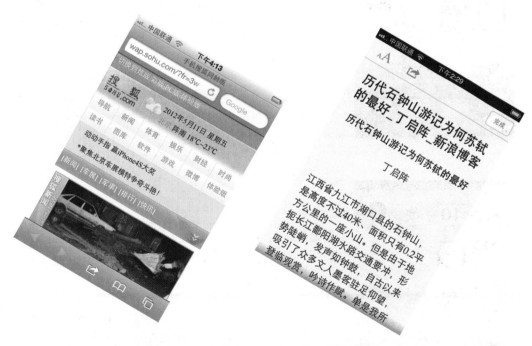

舒心上网，精彩无限

3.1 几种上网方式的设置

在将 iPhone 4S 接入网络之前，需要先了解一些 Wi-Fi 和 3G 的相关知识。iPhone 4S 可以通过 Wi-Fi 或 3G 等方式接入网络。在未设置的情况下，iPhone 4S 默认使用的是 3G 网络。

01 Wi-Fi 热点

Wi-Fi 热点是无线网络技术，因此不仅仅是 iPhone 4S，笔记本电脑也可以通过 Wi-Fi 热点高速接入网络。

现在很多地方都有 Wi-Fi 热点，如家里、办公室、咖啡厅、机场和酒店等。遗憾的是，一个 Wi-Fi 热点的覆盖范围有限，离开覆盖区域，网络就会断开。所以，Wi-Fi 网络更适合那些不需要走来走去的用户。

当 iPhone 4S 屏幕上方显示 时，表示已连接上 Wi-Fi 热点。iPhone 4S 此时的上网速度就非常快，可以与有线接入或 ADSL 相媲美。

02 3G 网络

当 iPhone 4S 屏幕上方显示 3G 时，表示已连接上 3G 网络。iPhone 4S 连接 3G 网络后速度较快，并且用户在打电话的同时还可以上网，十分方便。

3G 网络有两大问题：

(1) 网络覆盖范围，有些山区没有在 3G 覆盖范围内，因此手机就无法使用 3G 网络上网。

(2) 3G 手机非常耗电。

3.1.1 Wi-Fi 上网设置

在使用 iPhone 4S 打电话、发短信之前，需要先根据自己的喜好对【电话】和【信息】两个应用程序进行设置，设置的方法如下所示。

❶ 在 iPhone 4S 中单击【设置】图标。

❷ 在【设置】列表中选择【无线局域网】选项。

❸ 在【无线局域网】右侧的按钮上向右滑动手指，即可开启无线局域网络。

❹ iPhone 4S 识别可用网络，单击选择网络名称，即可加入网络。

有此标志表示连接该网络需要输入密码

弧线越多表示信号越强

⑤ 在这里输入密码

有些公共场所连接无线网络时也需要密码，咨询工作人员得到网络名和密码后即可加入。

⑤ 如果选择的是加密 Wi-Fi，则需要在打开的【输入密码】界面输入密码，完成后单击【加入】按钮，即可加入网络。

已经连接上 Wi-Fi 热点

有此标志表示当前加入的网络

3.1.2 中国联通上网设置

如果使用中国联通的 SIM 卡，需要根据是否支持 3G 网络，分别进行上网设置。

01 WCDMA 3G 网络设置方法

❶ 在 iPhone 4S 中单击【设置】图标，然后在设置界面中依次单击【通用】➤【网络】选项。

❷ 开启【启用 3G】选项。

❸ 单击【蜂窝数据网络】选项。

❹ 在【蜂窝数据】界面中将【APN】设置为 3gnet，即可通过联通的 3G 网络连接互联网。

02　不支持 3G 网络时的设置方法

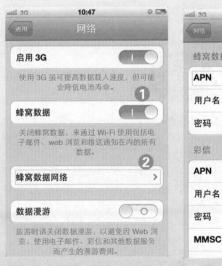

❶ 在 iPhone 4S 中单击【设置】图标，然后在设置界面中依次单击【通用】▶【网络】选项，在【网络】界面开启【启用 3G】选项和【蜂窝数据】选项。

❷ 单击【蜂窝数据网络】选项。

❸ 在【蜂窝数据】界面中将【APN】设置为 "3gnet"、"3gwap" 或者 "uninet"，保持用户名和密码为空，即可使 iPhone 4S 通过 GPRS 蜂窝数据连接互联网。

3.1.3 中国移动上网设置

中国移动的上网设置和中国联通类似，但是由于中国移动不支持 WCDMA 3G 网络，所以中国移动只能通过 GPRS 蜂窝数据上网。

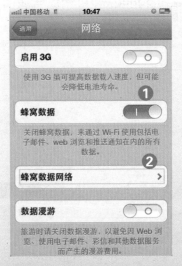
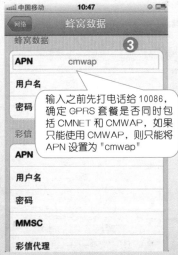

① 在 iPhone 4S 中单击【设置】图标，然后在设置界面中依次单击【通用】➤【网络】选项，在【网络】界面开启【蜂窝数据】选项。

② 单击【蜂窝数据网络】选项。

输入之前先打电话给 10086，确定 GPRS 套餐是否同时包括 CMNET 和 CMWAP，如果只能使用 CMWAP，则只能将 APN 设置为 "cmwap"

③ 在【蜂窝数据】界面中将【APN】设置为 "cmnet" 或者 "cmwap"。

3.2 冲浪利器——Safari 的使用方法

用 iPhone 4S 接入网络之后，接下来就可以开始用 Safari 浏览器访问网页了。Safari 浏览器的速度快，外观简洁，是 iPhone 4S 自带的浏览器。

3.2.1 设置 Safari

在用 Safari 浏览器浏览网页之前，先介绍下 Safari 的自定义设置。

① 在 iPhone 4S 中单击【设置】图标。

❷ 在【设置】界面单击【Safari】选项，即可打开【Safari】设置界面。

1. 选择搜索引擎

Safari 自带的 3 种搜索引擎主要是 Google、Yahoo! 和 Bing。大家可以根据自己的爱好选择搜索引擎。在【Safari】设置界面中单击【搜索引擎】选项，即可在打开的界面中单击选择搜索引擎。

2. 启用网页【自动填充】功能

在【Safari】设置界面中单击【自动填充】选项，即可在打开的界面中启用【自动填充】功能。

开启此功能，iPhone 4S 会自动填充 Web 表单

开启此功能，Safari 会记住所访问的网站的名称和密码，并在访问网站时自动填写信息

单击此项，即可在【我的信息】界面中选择想要使用的联络信息

单击此项，可以删除所有自动填充信息

3. 设定 Safari 是否接受 Cookie

在【Safari】设置界面中单击【接受 Cookie】选项，即可在打开的界面中选择是否接受 Cookie。

单击即可选择接受 Cookie 的方式

1. 什么是 Cookie？

Cookie 是指某些网站为了辨别用户身份而储存在用户本地终端上的数据。Cookie 一个典型的应用是当登录一个网站时，网站往往会请求用户输入用户名、密码或其他表单信息，下次登录网站时，会自动显示这些信息，如果用户勾选了"下次自动登录"，下次访问该网站时，会发现不用输入用户名和密码就已经登录了。

2. 是否应该接受 Cookie

接受 Cookie 的好处：接受 Coolie 后，会给操作带来很大的方便，访问常用的网站时，不必重复输入一些信息。

接受 Cookie 的坏处：Cookies 有时会危及用户的隐私和安全，接受 Cookie，很可能会泄露个人的敏感信息，如用户名、电脑名、使用的浏览器和曾经访问过的网站。

4. 清除网页访问痕迹

在【Safari】设置界面中单击【清除历史记录】选项，在弹出的对话框中单击【清除历史记录】按钮即可清除访问过的页面的历史记录

在【Safari】设置界面中单击【清除 Cookie 和数据】选项，在弹出的对话框中单击【清除 Cookie 和数据】按钮即可清除 Safari 中所有的 Cookie

5. 启用或停用 Safari 的 "JavaScript"

在【Safari】设置界面中通过打开或关闭【JavaScript】功能，可以启用或停用 Safari 的 "JavaScript" 功能。JavaScript 是一门增强网页前端生动性、互动性的语言。

启用 "JavaScript" 后，Safari 浏览器能够充分地显示使用 JavaScript 语言的网页中的内容，如页面上走动的时钟、飘动的图片、注册账户时弹出的对话框提示用户姓名或密码不能为空等信息。

所以建议用户启用 Safari 的 "Javascript"，但是由于浏览器的版本问题，可能导致某些网页不能正常显示，此时可根据需要，选择停用 Safari 浏览器的 "Javascript" 或者关闭该网页。

6. 允许或阻止弹出式页面

在【Safari】设置界面中可以开启或关闭【阻止弹出式窗口】功能，这只会停止关闭页面时出现的弹出式页面，或通过输入其他地址来打开页面时出现的弹出式页面，而不会阻止单击网页链接时打开的弹出式页面。

3.2.2　浏览网页

Safari 作为网页浏览器，最基本、最常用的功能便是浏览网页。

❶ 在 iPhone 4S 中单击【Safari】图标。

❷ 此时会打开【Safari】主界面，在地址栏处单击。

❸ 此时会打开虚拟键盘，输入要访问网页的地址，完成后单击【Go】按钮。

此时即可打开并浏览网页。

3.2.3 善用搜索引擎与导航

Safari 自带的 3 种搜索引擎主要是 Google、Yahoo! 和 Bing。大家可以根据自己的爱好选择搜索引擎。

❶ 单击【Safari】图标。

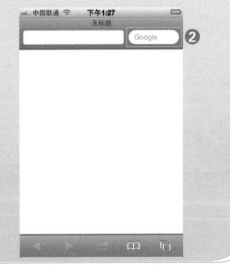

❷ 在地址栏的右侧单击。

❸ 输入要搜索的内容（这里输入"小说网站"）。

❹ 在虚拟键盘上单击【搜索】按钮。

❺ 单击【点击查看小说网站】链接文字。

根据输入的文字搜索到关于"小说网站"的结果，单击不同的链接即可进入相应的小说网站。

3.2.4 添加书签

想要保存搜索到的网站，以便下次进行快速访问，你可以将该网站添加到书签列表中。

❶ 打开想要添加书签的网页后单击 按钮。

❷ 在弹出的列表中选择【添加书签】选项。

❸ 在【添加书签】列表中单击最下方的"书签"选项。

❹ 在【书签】列表中选择书签的存放位置（这里选择"读书"文件夹）。

提示

　　为了防止添加过多的书签导致书签列表杂乱无序，可以新建一些书签文件夹，具体方法如下：

　　打开浏览器，单击 按钮，打开【书签】界面，然后依次单击【编辑】 ▶ 【新建文件夹】按钮，即可在弹出的对话框中设置新文件夹的名称。

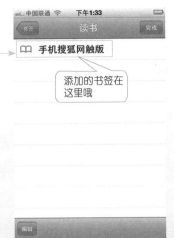

⑤ 输入书签的名称。

⑥ 单击【存储】按钮。

添加的书签在
这里哦

提示

以后每次打开浏览器，单击 📖 按钮，然后单击【读书】文件夹即可通过单击书签，快速进入页面，而不需要再输入网址。

3.2.5 为网页建立快捷方式

如果经常浏览某个网站，则可以在主屏幕添加网站的快捷图标，以快速进入指定的网站。

❶ 打开经常需要浏览的网页后单击 📤 按钮，在弹出的列表中选择【添加至主屏幕】选项。

❷ 在打开的【添加至主屏幕】框中输入图标的名称。

❸ 单击【添加】按钮。

④ 单击主屏幕上的【手机凤凰网】图标。

⑤ 此时即可在主屏幕上出现"手机凤凰网"图标，单击该图标即可进入该网站主页。

3.2.6 浏览多个网页

Safari 支持多窗口操作，让你方便快捷地在各个窗口之间进行切换。

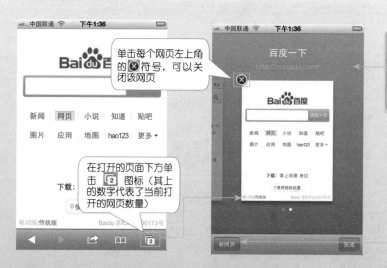

单击每个网页左上角的 ⊗ 符号，可以关闭该网页。

在打开的页面下方单击 🔲 图标（其上的数字代表了当前打开的网页数量）

进入多窗口浏览界面，左右滑动可查看其他页面，单击即可进入该页面

单击【新网页】图标，即可打开一个空白网页，从而新建一个网页。

3.2.7 无广告浏览

在阅读博客、新闻之类的文字比较多的网页时，开启 Safari 浏览器的阅读器功能，可以屏蔽网页本身繁杂的框架和广告，舒适地阅读网页中的文字。

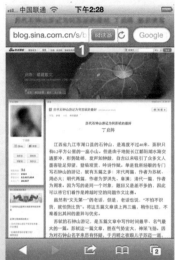

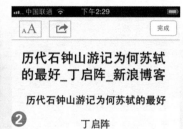

❶ 当打开结构优良（文字较多）的网页时，会在"刷新"按钮左侧显示【阅读器】按钮，单击该按钮。

❷ 此时即可在阅读器中查看网页，免受广告的干扰。

3.3　多一种选择——更具特色的浏览器

我是手机 QQ 浏览器，我拥有很多趣味功能

我是 UC 浏览器，用我上网更快、更省流量

3.4 网站导航器

网络资源丰富多彩，网站类型也五花八门，难道每次浏览网页都需要先输入网址才能进入吗？

当然不是，使用网站导航软件让你轻松地找到自己感兴趣的网站。手指轻点，就能进入网站浏览网页。

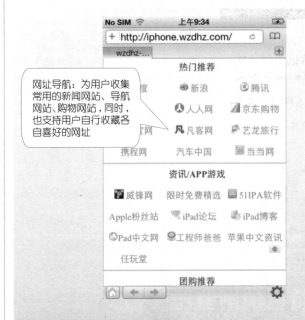

网址导航：为用户收集常用的新闻网站、导航网站、购物网站，同时，也支持用户自行收藏各自喜好的网址

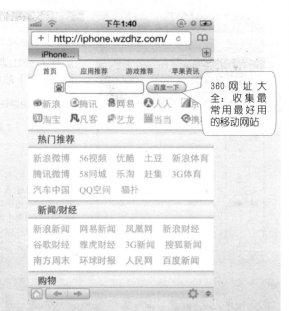

360 网址大全：收集最常用最好用的移动网站

3.5 网络共享

没有网络时，iPhone 4S 能变身为无线路由器，将 3G 网络转换成个人热点，笔记本、iPad 或其他移动终端就可以搜索并使用 iPhone 4S 产生的这种 Wi-Fi 网络。

❶ 在 iPhone 4S 中单击【设置】图标，然后在【设置】界面中单击【个人热点】选项。

❷ 向右拖动【个人热点】按钮，使其处于激活状态。

❸ 单击"无线局域网"密码选项，在打开的【"无线局域网"密码】中的【密码】框中输入密码。

❹ 单击【完成】按钮即可开始产生 Wi-Fi 热点，iPad、笔记本或其他能使用无线局域网的设备即可搜索并使用 iPhone 4S 产生的 Wi-Fi 热点连接网络。

❺ 如在 New iPad 中单击【设置】➤【通用】➤【网络】➤【无线局域网】选项。

❻ 在网络界面中向右拖动【无线局域网】按钮。

❼ 在【选取网络】列表中选择【龙数码的 iPhone】（iPhone 4S 的设备名）选项。

❽ 在弹出的对话框中输入 iPhone 4S 无线局域网的密码，单击【加入】按钮，即可开始连接 iPhone 4S 产生的 Wi-Fi 热点。

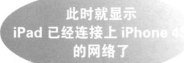

此时就显示
iPad 已经连接上 iPhone 4S
的网络了

在这里会显示有几台设备连接iPhone 4S产生的个人热点

3.6 我的百宝箱

3.6.1 如何删除一个书签

保存过的书签，如果现在对你没有用了，那么可以将其删除。

① 单击【书签】按钮

② 单击【编辑】按钮

3.6.2 如何清除历史记录

及时地清理历史记录可以更快速地运行你的 iPhone 4S。

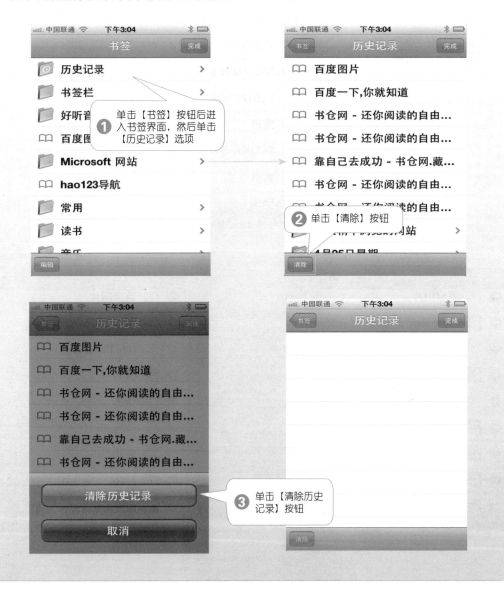

第 4 章

电脑和 iPhone 4S 之间的资料互传

酷炫的 iPhone 4S 离不开电脑的辅助，在日常使用中，iPhone 4S 用户经常希望能随心所欲地往 iPhone 4S 中传输文件，并安全地将重要资料备份到电脑。

轻松同步，娱乐随身

iTunes 是苹果公司推出的一款免费的数字媒体播放应用程序，用于管理与播放数字音乐和视频，并将其同步到 iPhone 4S 中。它同时还是电脑、iPod touch、iPhone 和 iPad 上的虚拟商店。

初识 iTunes，它到底有什么强大的功能呢？

1. 播放器：可以在电脑上播放音乐和视频。

2. 资料库：*存储和整理从 iTunes Store 或其他途径得到的媒体文件，包括音乐、视频、图书及应用程序等。*

资料库对苹果用户来说，犹如一个弹药库，需要时尽管在资料库中挑选，然后再将其同步到 iPhone 4S 中。所以，有好的东西（尤其是 iPhone 4S 中新买的东西），千万别忘了添加到自己的资料库中，这样既方便日后随用随取，又不容易丢失重要的资料。

3. 同步：让电脑中的资料库（根据选择）和 iPhone 4S 中的个人资料保持一致。

具体来说，同步有两个方向：一个是从电脑中的资料库到 iPhone 4S，另一个则是从 iPhone 4S 到电脑中的资料库。

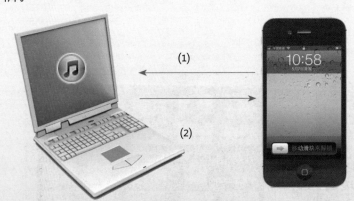

(1) 从资料库到 iPhone 4S

这是我们通常理解的同步的概念，在 iTunes 资料库中选择要使用的资料后，即可通过单击【同步】或【应用】按钮将所选的资料传输到 iPhone 4S 中，具体方法详见本章 4.4 节。

(2) 从 iPhone 4S 到资料库

这个方向的同步会在两种情况下发生。

一种是在单击【同步】或【应用】按钮后。此时 iTunes 会判断 iPhone 4S 中所有的内容是否都在资料库中，如果没有，会首先将资料库中没有的资料从 iPhone 4S 传到资料库，然后再继续后面的同步工作。

另一种是在执行同步操作前，先主动地将新添加的项目传输到电脑资料库中，具体操作详见本章 4.3 节。

4. iTunes Store：可用于购买应用程序、音乐、视频等项目，以及播客、iTunes U 等服务。

4.1 用 iTunes 顺利同步与备份的前提——账号授权

在 iPhone 4S 中的 iTunes 商店中购买数字产品后，如果想将其传输到电脑中，必须先将购买数字产品时使用的账号和密码输入电脑，以对电脑进行授权。

4.1.1 账号授权

将注册的 iTunes 账号授权给电脑的方法如下。

❶ 在 iTunes 主界面中单击【Store】➤【登录】菜单命令。

❷ 弹出【iTunes】对话框，输入账号和密码。

❸ 单击【登录】按钮。

❹ 选择【Store】➤【对这台电脑授权】菜单命令。

❺ 输入账号和密码

❺ 弹出【对这台电脑授权】对话框，输入账号和密码。

❻ 单击【授权】按钮。输入密码后，【授权】按钮即可被激活。

❼ 弹出【iTunes】对话框，提示授权成功，并且显示账号已经授权了多少台电脑。

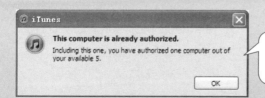

弹出【iTunes】对话框，提示授权成功，并且显示该账号已经授权了 5 台电脑

4.1.2 解除授权

授权有着各种限制，一台电脑最多可授权 5 个账号，一个账号最多可授权给 5 台电脑。如果已经把账号授权给了 5 台电脑，需要继续对其他电脑授权时，可以解除账号在以前电脑中的授权。解除授权的方法有两种。

方法一 逐个取消账号在电脑中的授权

❷ 在弹出的对话框中输入此账号的密码后，单击【取消授权】按钮。

❸ 弹出提示框，提示已经取消了对该电脑的授权，单击【确定】按钮即可。

❶在不再需要授权的电脑上启动 iTunes，登录账号后选择【Store】▶【取消对这台电脑的授权】命令。

> **提示**
>
> 此方法并不受次数的限制，但是需要找到授权过的电脑。

> 所以在授权时需要注意以下问题。
> (1) 不要轻易让别人知道自己的账号和密码，以免过多人使用账号授权后导致自己无法授权。
> (2) 在公共场所（酒店、网吧或者他人家中）使用电脑后，记得要取消账号的授权。

方法二 解除账号在所有电脑中的授权

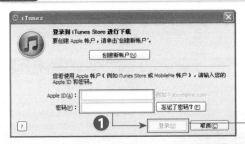

提示

【全部解除授权】操作在一年中只能使用一次。

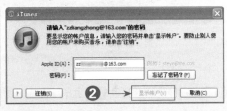

❶ 在任一可联网的电脑中启动 iTunes, 选择【Store】➤【登录】菜单命令, 输入 Apple ID 和密码, 单击【登录】按钮。登录成功后,【Store】菜单下会出现【显示我的帐户（帐户 ID）】菜单项。

❷ 单击【显示我的帐户】菜单项, 在弹出的对话框中再次输入此账户的密码, 然后单击【显示帐户】按钮, 即可在 iTunes 右侧显示账户信息。

❸ 其中显示了电脑授权的个数, 单击【全部解除授权】按钮, 在弹出的对话框中单击【授权所有电脑】按钮, 即可解除所有的授权。

4.2 连接电脑和 iPhone 4S

在实现电脑和 iPhone 4S 之间的资料互传前，首先需要将电脑和 iPhone 4S 连接起来，根据是否需要数据线，可以将连接的方法分为两种。

方法一 使用数据线连接

在电脑上安装的 iTunes

iPhone 4S 的数据接口

iPhone 4S 原装数据线

❶ 在电脑中下载并安装 iTunes，双击电脑桌面上的 iTunes 图标，启动 iTunes。

❷ 用数据线将 iPhone 4S 与电脑连接，此时 iTunes 会识别出连接的 iPhone 4S，并在界面左侧显示 iPhone 4S 的设备名称。

iTunes 识别出连接的设备名称

方法二 通过 Wi-Fi 连接

❶ 先用数据线连接电脑和 iPhone 4S，启动 iTunes 后，单击左侧识别出的设备名称。

❷ 单击【摘要】选项卡。

提示

通过 Wi-Fi 实现将 iPhone 4S 无线连接到 iTunes，须同时满足 3 个条件。

① 安装的 iTunes 是 10.0 及其以上版本；

② iPhone 4S 的系统版本是 5.0 及其以上版本。

③ iPhone 4S 通过 Wi-Fi 连接网络，并且与电脑连接的网络处于同一个局域网内。

❸ 向下拖动右侧的滑动条，在【摘要】选项卡底部的【选项】区域中复选【通过 Wi-Fi 与此 iPhone 4S 同步】项，完成后单击【应用】按钮，以后无需用数据线连接电脑和 iPhone 4S，只要打开 iTunes 就能识别并连接 iPhone 4S。

4.3 拒绝资料丢失——备份

使用 iTunes 同步 iPhone 4S 时，一旦误操作，iPhone 4S 中的部分数据将会被抹掉。所以要养成经常备份的习惯，数据丢失时只需恢复即可失而复得。

4.3.1 备份，防患于未然

通过备份操作，iTunes 可以备份以下内容：

(1) 通讯簿（联系人及分组信息）。

(2) 电子邮件（账户配置信息）。

(3) Safari（收藏夹及设置）。

(4) 多媒体（音乐、视频、铃声、播放列表、应用程序在计算机上的目录位置信息，而不备份数据本身，在恢复时如果计算机中的目录位置不变，则可被恢复）。

(5) 照片（存放在 iPhone 4S 胶卷目录中的照片将被完全备份，而用户的图库只备份计算机中对应的目录信息）。

(6) 网络配置信息（Wi-Fi、蜂窝数据网和 VPN 等）。

(7) 其他配置信息（系统自带的功能选项部分的设置信息，如输入法和系统接口语言等设置信息）。

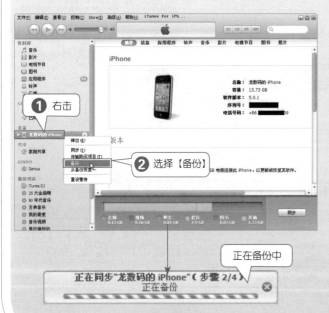

❶ 连接 iPhone 4S 与电脑，启动 iTunes，在 iTunes 左侧右击识别出的 iPhone 4S 名称。

❷ 在弹出的快捷菜单中选择【备份】选项。iTunes 下方显示【正在备份 ...】，此信息消失并显示苹果标志表示备份完成。

提示

为了防止 iPhone 4S 连接计算机后自动同步造成数据丢失，可按如下设置。

❶ 在 iTunes 中选择【编辑】➤【偏好设置】菜单命令，在打开的【iTunes】对话框中选择【设备】选项卡。

❷ 选中【防止 iPod、iPhone 和 iPad 自动同步】复选项。

❸ 单击【确定】按钮。

4.3.2 恢复，资料失而复得

误操作、固件恢复或升级后，造成重要数据丢失，欲哭无泪。不要紧，别忘了我们的 iPhone 4S 之前备份过。

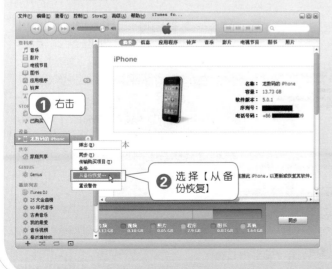

❶ 连接 iPhone 4S 与电脑，然后在 iTunes 左侧右击识别出的 iPhone 4S 名称。

❷ 在弹出的快捷菜单中选择【从备份恢复】命令。

❸ 在弹出的【从备份中恢复】对话框中的【iPhone 名称】下拉列表框中选择一个备份文件。

❹ 单击【恢复】按钮，即可开始恢复，几分钟后，iPhone 4S 自动重启，恢复完成。

提示

如果进行了多次备份，在【iPhone 名称】下拉列表框中将会列举出多个按照备份时间命名的备份文件。

4.3.3 将 iPhone 4S 中的软件传输到电脑中

在 iPhone 4S 上花费时间和金钱下载并购买的应用程序、游戏如果丢失，就非常遗憾，所以用数据线将 iPhone 4S 与计算机连接后，首先要做的就是将这些购买的项目传输到计算机中，确保万无一失。

❶ 使用数据线将 iPhone 4S 与计算机连接，在计算机中启动 iTunes，用注册的账号对计算机授权后，在 iTunes 左侧右击识别的 iPhone 4S 名称。

❷ 在弹出的快捷菜单中选择【传输购买项目】选项，iTunes 上方会显示正在往计算机中复制 iPhone 4S 中的购买项目。

在 iTunes 资料库中即可显示传输到计算机中的应用程序

提示

此功能仅适用于从 iTunes Store 购买的项目。

4.3.4　云（iCloud）备份与恢复

如今，云计算如火如荼，它已并不是一个陌生的词汇，像极了可口的奶酪，都在尽力为自己分配着一份。当然，Apple 公司也不例外，迎合了云计算时代的发展，给果粉们带来了 iCloud。

iCloud 方便了我们储存和获得照片、应用软件、电子邮件、通讯录、日历和文档等内容，可以把这些内容通过 Wi-Fi 等无线网络，存储在远程服务器上。如果你的 iPhone、iPad 或电脑硬盘损坏，那么所有存储在上面的东西都会随之丢失，但是有了 iCloud 后，只要提前将东西备份到 iCloud，就可以随时还原。

01 iCloud 备份了什么

iCloud 会备份以下信息。

(1) 购买的应用程序和下载的电子书；

(2) 相机胶卷中的照片和视频；

(3) iPhone 4S 的设置信息（如设置的墙纸、邮件、通讯录、日历的账户等）；

(4) 应用软件数据；

(5) 主屏幕与应用程序管理；

(6) 信息（iMessge、短信和彩信）。

02 使用 iCloud 云备份

❶ 在主屏幕上单击【设置】图标。

❷ 单击【iCloud】选项。

❸ 在 iCloud 界面，输入 Apple ID 和密码，单击【登录】按钮进行登录。

❹ 单击【存储与备份】选项。

提示

在 iCloud 界面，单击备份项目后面的开关按钮 ，可选择性地对数据进行备份，这样可以节省 iCloud 的储存空间，也可以节省备份时间。

❺ 单击【iCloud 云备份】右侧的 按钮，当该按钮变成 时，即开启云备份功能。

❻ 在弹出的【开始 iCloud 云备份】对话框中，单击【好】按钮。

iPhone 4S 正在进行备份中

❼ 此时【储存与备份】界面底部会出现【立即备份】按钮，单击该按钮，即可开始云备份。

提示

首次对 iPhone 4S 进行备份，用时都较长，需耐心等待。

iPhone 4S 在通电情况下，每天都会通过 WLAN 网络对数据信息进行备份。

在 iTunes 中备份时，不要复选【备份到 iCloud】选项

提示

用 iCloud 备份时需要注意的是，iPad 在与 iTunes 同步时将不再备份到电脑中。

因此，在 iTunes 中备份时，不能复选【备份到 iCloud】项。

03　iCloud 云恢复

　　用 iCloud 进行了备份，那么什么时候需要恢复呢，如何恢复备份的重要信息及设置呢？相信不少人都心存这个疑团。一般系统出现故障，或更新固件后，重新启动系统时在 iOS 5 的初始设置界面，就可以选择恢复 iCloud 备份了。

❶ 在初始设置界面中根据向导进行操作，直到进入"选择设置为新的 iPhone 4S 或从备份进行恢复"界面，单击【从 iCloud 云备份恢复】项，然后单击【下一步】按钮。

❷ 输入相应的账号（Apple ID）和密码，然后单击【下一步】按钮。

> ### 提示
>
> 　　在【设置】界面中，依次单击【通用】▶【还原】▶【还原所有设置】项，或在 iTunes 中恢复、更新固件后，都可以进入初始设置界面。

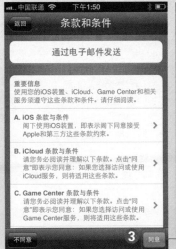

❸ 在【条款和条件】界面，单击右下角的【同意】按钮，然后在弹出的对话框中，单击【同意】按钮。

❹ 在【选取备份】界面，选择要恢复的最新备份，并单击【恢复】按钮即可进入恢复状态。

提示

　　下载购买的应用程序速度较慢，也可删除没必要的应用程序或通过 iTunes 将程序同步到 iPhone 4S 中，以节省时间。

❺ 恢复完成后，会自动重启 iPhone 4S。重启后，在主屏幕上弹出的对话框中，单击【好】按钮即可重新下载购买的应用程序和媒体。

4.4 将电脑中的资料导入到 iPhone 4S——同步

使用 iTunes，即可将计算机中宝贵的音乐、视频等资源传输到 iPhone 4S 中，随身享受。

4.4.1 同步重要信息

通过向 iPhone 4S 中同步联系人、日历和邮件账户等重要信息，让电脑和 iPhone 4S 互相交换信息，免去重复输入重要信息的烦恼，这里以同步联系人为例，介绍同步重要信息的方法。

同步联系人后，既在电脑上备份了联系人，又将电脑上的联系人信息合并到了 iPhone 4S 上，一举两得！

❶ 将 iPhone 4S 与电脑连接，然后在电脑中启动 iTunes。

❷ 在左侧列表中单击识别的设备名称。

❸ 单击【信息】选项卡。

❹ 复选【同步通讯录】选项。

❺ 单击【Outlook】按钮，在弹出的下拉列表中选择同步通讯录到指定的位置，这里我们选择默认的 Outlook 选项。

❻ 单击【应用】按钮，即可开始同步通讯录。

提示

同步后电脑与 iPhone 4S 会显示两处合并后的联系人信息。

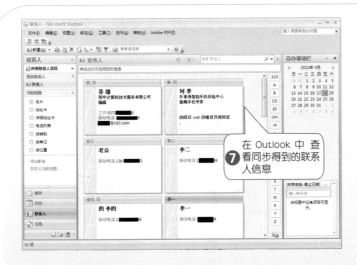

❼ 同步结束后，在指定的位置即可查看同步的结果。这里在电脑中打开 Outlook，在 Outlook 中可以查看同步得到的联系人信息。

在 Outlook 中查看同步得到的联系人信息 ❼

4.4.2 同步应用程序

在 iPhone 4S 中的 App Store 直接下载大量的应用程序会比较浪费时间，这时我们就可以通过电脑的 iTunes 下载，然后同步到 iPhone 4S 中。

方法 一 常用同步法

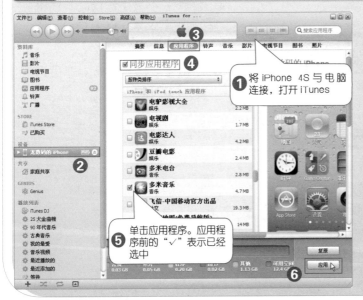

❶ 将 iPhone 4S 与电脑连接，打开 iTunes

单击应用程序。应用程序前的"√"表示已经选中 ❺

❶ 将 iPhone 4S 与电脑连接，并启动 iTunes。

❷ 在左侧列表中单击识别的设备名。

❸ 单击【应用程序】选项卡。

❹ 复选【同步应用程序】选项。

❺ 复选要进行同步的应用程序（或者选择应用程序后，直接将其拖曳到右侧的主界面上）。

❻ 单击【应用】按钮，开始进行同步。

同步进行中

同步完成

在 iPad 中查看同步后的应用程序

方法 二 直接从资料库拖曳法

将 iPhone 4S 与电脑连接，在电脑中打开 iTunes

单击选择要拖曳到设备中的应用程序（可一次选择多个）

按住鼠标不松，将应用程序拖曳到设备名称上，将手松开即可开始同步

❶ 将 iPhone 4S 与电脑连接，在电脑中打开 iTunes。

❷ 在左侧列表中单击【资料库】列表中的【应用程序】。

❸ 在右侧的应用程序列表中单击要同步的应用程序图标（按住【Ctrl】键可选择多个应用程序）。

❹ 选择程序后持续按住鼠标，拖曳选择的应用程序到左侧列表设备名称上，将手松开。此时手机上会显示"正在同步"，同步结束后即可看到同步得到的应用程序。

提示

使用拖曳法，免去了像方法一步骤 ❺ 中所说的要逐个选择应用程序的麻烦，可以同时选择多个要同步的应用程序，并且拖曳到设备名称上即可开始安装。

4.4.3 同步应用程序中的资料

在 iTunes 中，我们可以将设备中属于某个应用程序的文档或资料同步到电脑上，还可以直接将电脑中的资料同步到应用程序文稿中。使用此方法不需要单独地同步文稿，简单的操作即可实现在电脑和设备中轻松传输程序所属的资料。

01 同步应用程序的资料到电脑

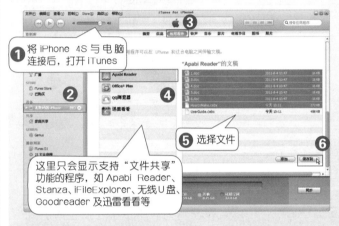

将 iPhone 4S 与电脑连接后，打开 iTunes

这里只会显示支持"文件共享"功能的程序，如 Apabi Reader、Stanza、iFileExplorer、无线U盘、Goodreader 及迅雷看看等

⑤ 选择文件

❶ 将设备与电脑连接，在电脑中打开 iTunes。

❷ 单击左侧列表中的设备名称。

❸ 单击【应用程序】按钮，并向下滚动到"文件共享"选项处。

❹ 在【应用程序】列表中单击一个程序名称，如"Apabi Reader"。

❺ 在【"Apabi Reader"的文稿】列表中选择文件名称。

❻ 单击【保存到】按钮。

❼ 弹出【浏览文件夹】对话框，设置文件的保存位置。

❽ 单击【确定】按钮，iTunes 开始同步文件。

同步到电脑上的文件

❾ 同步结束后，在电脑中打开新建的【应用程序资料】文件夹，就可以看到同步出来的文件。

02　同步电脑中的资料到设备中的某个应用程序

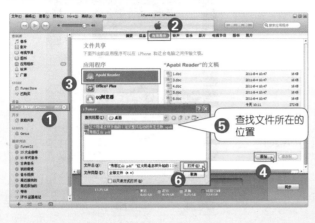

① 将设备与电脑连接，在电脑中打开 iTunes。单击左侧列表中的设备名称。

② 单击【应用程序】按钮，并向下滚动到"文件共享"选项处。

③ 在【应用程序】列表中单击一个程序名称，如"Apabi Reader"。

④ 单击【添加】按钮。

⑤ 弹出【iTunes】对话框，查找电脑中文件所在的位置。

⑥ 选择要同步的文件后，单击【打开】按钮。

同步中

正在将文件复制到"龙数码的 iPhone"
正在复制 1/2：秀丽江山.pdf

⑦ 开始同步文件到 iPhone 4S 中。同步结束后，在"Apabi Reader"的文档列表中即可看到同步后的文稿。

同步到 Apabi Reader 中的文件

在 iPhone 4S 中打开 Apabi Reader 软件，查看同步得到的电子书

同步得到的电子书

❽ 在 iPhone 4S 主界面中单击 "Apabi Reader" 图标按钮，打开软件，在 Apabi Reader 图书列表中即可看到同步得到的新图书。

4.4.4 同步影音等媒体文件

将电脑中的音乐、铃声、影片、电视节目和图书等不同类型的文件同步到 iPhone 4S 中，方法都大同小异，这里以同步音乐文件为例进行介绍。

电脑中下载了很多好听的歌曲，怎样将其同步到设备中呢？首先我们需要将下载的歌曲保存到资料库中，然后进行同步就可以了。

若要将某文件夹中所有的音乐都添加至资料库，需选择此项

❶ 在电脑中启动 iTunes，并单击【文件】菜单项。

❷ 在弹出的快捷菜单中选择【将文件添加到资料库】选项。

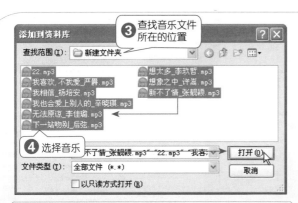

❸ 弹出【添加到资料库】对话框，找到音乐所在的位置。

❹ 选择音乐文件。单击【打开】按钮，即可将音乐添加到资料库中。

提示

直接在资源管理器中选中歌曲，然后按住鼠标左键不放手，将其拖曳到 iTunes 的资料库中，即可将所选歌曲导入到 iTunes 资料库。

在左侧列表中单击【资料库】下的【音乐】选项，此时即可看到添加进来的音乐。

❺ 将 iPhone 4S 与电脑连接。在左侧列表中单击【设备】列表中的【龙数码的 iPhone】选项。

❻ 单击【音乐】按钮。选中【同步音乐】前的复选框。

❼ 选择同步的范围（可以选择整个音乐资料库或者选定部分音乐文件）。

❽ 单击【应用】按钮，开始进行同步。

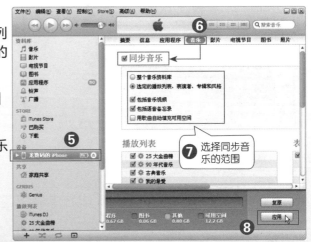

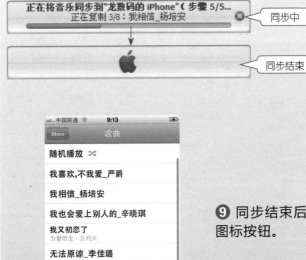

❾ 同步结束后，在 iPhone 4S 主界面中单击【音乐】图标按钮。

❿ 在界面底部单击【歌曲】选项，即可看到同步到的歌曲。

提示

多台电脑同步一个 iPhone 4S 时,很容易造成数字产品丢失,更换电脑同步时需要小心,如果出现左边的对话框,表示继续同步会删除音乐、影片、电视节目、图书及铃声等媒体文件。

4.5 多一种选择——比 iTunes 更加方便的 iTools

与 iTunes 相比,使用 iTools 能使备份更方便、同步更安全。
iTools 软件下载地址:http://itools.hk。

4.5.1 不用担心丢东西的同步

无论是更换电脑,还是更换 iPhone 4S,使用 iTools 同步音乐、铃声、影片、图书、图片和应用程序,都不必担心东西丢失的问题,这里以同步音乐为例介绍如何使用 iTools 同步 iPhone 4S。

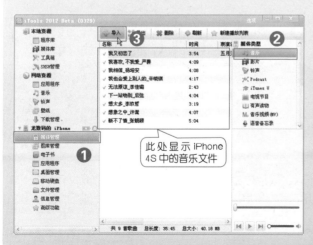

此处显示 iPhone 4S 中的音乐文件

❶ 在电脑中安装并启动 iTools,连接电脑和 iPhone 4S,在 iTools 主界面左侧设备名下方单击【媒体管理】选项。

❷ 单击右侧的【媒体类型】列表中的【音乐】选项。

❸ 在上方单击【导入】按钮。

提示

使用 iTools 前,必须先在电脑中安装 iTunes 软件。

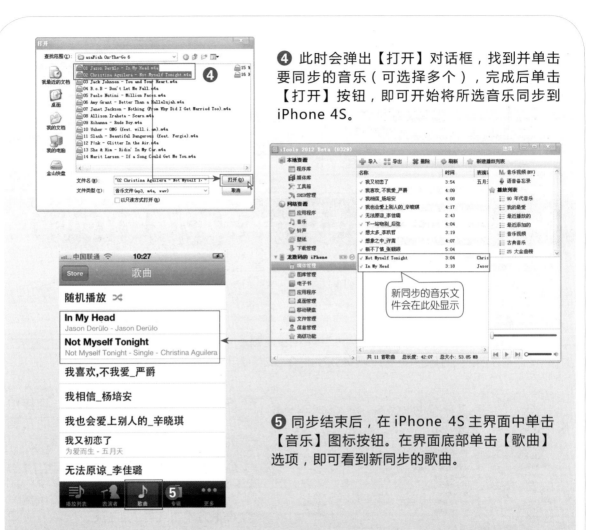

❹ 此时会弹出【打开】对话框，找到并单击要同步的音乐（可选择多个），完成后单击【打开】按钮，即可开始将所选音乐同步到 iPhone 4S。

❺ 同步结束后，在 iPhone 4S 主界面中单击【音乐】图标按钮。在界面底部单击【歌曲】选项，即可看到新同步的歌曲。

4.5.2 将重要资料备份到电脑

用 iTools 能直接将 iPhone 4S 中的图书、照片、图片和应用程序等复制到电脑进行备份，用户还可以根据需要选择要备份哪些图书、照片、图片或应用程序，这里以备份 iBooks 中的图书为例进行介绍。

此处显示 iPhone 4S 中
保存在 iBooks 的图书

❶ 在电脑中安装并启动 iTools，连接电脑和 iPhone 4S，在 iTools 主界面左侧设备名下方单击【电子书】选项。

❷ 单击要备份到电脑的图书。

❸ 在上方单击【导出】按钮。

❹ 弹出【另存为】对话框，设置保存位置和文件名称，完成后单击【保存】按钮，即可开始将所选图书复制到电脑中的指定位置。

正在导出
电子书

❺ 导出结束后，找到图书保存的位置，即可看到已经复制到电脑中的图书。

4.6 我的百宝箱

备份的 iPhone 4S 资料在哪里

备份多次 iPhone 4S 后，在 iTunes 中选择【编辑】➤【偏好设置】命令，在打开的【偏好设置】对话框中的【设备】选项卡下即可看到备份的设备和备份时间。

这些备份都在哪保存着呢

如果系统是 Windows XP，备份的保存路径为：C:\Documents and Settings\（计算机用户名）\Application Data\Apple Computer\MobileSync\Backup，各时期的备份以文件夹形式进行存放，文件夹名称中包含备份的时间。

如果系统是 Windows 7 或 Vista，备份的保存路径为：C:\Users\（计算机用户名）\AppData\Roaming\Apple Computer\MobileSync\backup。

第 5 章

玩游戏

使用 iPhone 4S 玩游戏是相当给力的，创新的游戏设计、逼真的画面效果、颠覆性的操作体验，无不给人一种全新的视觉感受和震撼心灵的刺激体验。

酷玩游戏，宅得精彩

5.1 酷玩游戏一族

不同年龄、性别和性格的人，会喜欢不同的游戏，不管你是职场精英，还是温婉闲适的时尚佳人，只要你是游戏控，你就能在这里找到适合自己的游戏！

1. 安逸闯关族

人群特点

族人多为学生、老人等，游戏只为消磨时间，会跟随周围人去选择游戏，对繁琐的操作避而远之，喜欢简单上手的。对稀奇古怪的游戏内容不感兴趣，对游戏成就感要求比较少，打发时间、随遇而安，独自享受游戏带来的片刻闲暇。

适合游戏

棋牌射击类游戏、社区类游戏。

游戏推荐

游戏名称：五子棋（Simply Gomoku Online）
游戏类型：棋牌类
视觉效果：界面简单、画面清晰
游戏简介：
1．触摸屏幕并移动拇指，红色方框会随着移动，放开拇指棋子将落在红色方框中。
2．利用网络与老友对战，结识新朋友。

游戏名称：QQ 中国象棋

游戏类型：棋牌类

视觉效果：清新质朴，超炫的残影拖动走棋，振动吃子效果。

游戏简介：

1．清新竹林风以及优雅古朴的音乐，给人休闲舒适的感觉。

2．精雕细刻的棋盘棋子，让人沉静在中国象棋的乐趣中。

游戏名称：QQ 斗地主

游戏类型：棋牌类

视觉效果：华丽的图片，多而刺激的游戏音效和动画效果。

游戏简介：

1．强大的方言音效，将发送的聊天信息"说"出来。

2．支持后台播放音乐。

2. 时尚休闲族

人群特点

族人多为职场女性，喜欢音乐、SHOW，拥有时尚休闲的生活，个性鲜明，无论对游戏场景还是游戏人物，都要求较高，追求时尚，喜欢独立完成游戏任务。

适合游戏

音乐舞蹈类
益智互动类
模拟经营类

游戏推荐

游戏名称：割绳子吃糖果（Cut the Rope Lite）
游戏类型：益智互动类
视觉效果：画面活泼，充满趣味
游戏简介：
1．轻松的音乐，可以缓解玩家的精神状态。
2．益智价值很高，操作简单，动手之前的思考很具挑战性。

游戏攻略：

冷静地思考，认识整个场景，再构思一个大概的路线，尽量用每一个机关，在打不开局面的情况下，不妨通过滑动、借力使力的方式制造机会，相信会有意想不到的效果。

游戏名称：美女餐厅（Dinner Dash）

游戏类型：模拟经营类

视觉效果：画面活泼，充满趣味

游戏简介：

1．帮助精神十足的企业家弗洛，将她极具个人风格的餐馆从油腻小店变成五星级大餐厅。

2．免费畅玩 7 个关卡，并可在游戏内以 40% 的折扣价升级为完整版。

游戏攻略：

游戏讲究速度、技巧和悟性，迅速安排客人入座、上菜和清理桌子，使等待的客人高兴，从而赚取大量小费，另外用美味的赠品安抚不耐烦的客人，以免他们发怒和不结账。利用轻敲、触碰和滑动等操作，使自己的餐厅迈向餐饮业务的高峰。

3. 竞争挑战族

人群特点

族人多以男性为主，自由职业及学生比较多，喜欢挑战与自我超越，乐于享受生死一线的刺激和畅快淋漓的战斗感，愿意花时间练习游戏技巧和探索难关。

适合游戏

角色扮演类、动作类、射击类、竞技对战类

游戏推荐

游戏名称：无尽之剑 2（Infinity Blade II）

游戏类型：角色扮演

视觉效果：虚拟 3D 带来了壮观的画面效果

游戏简介：

1．相比《无尽之剑》，《无尽之剑 2》更像一个完整的故事，一个英雄拯救世界的故事。

2. 玩家必须去探索隐藏在无尽之剑秘密背后的真相。当进一步深入探索这个到处是具有不死之身的敌手及其同盟军泰坦的世界时，年轻赛里斯的神奇旅程将会由此继续展开。

游戏攻略：

控制人物移动和视角移动，寻找物品、金钱和宝箱等，在战斗过程中，可以通过操作实现砍杀、格挡、爆气、魔法和最后一击。同时，玩家也可以在战斗时获得经验和金钱，用于升级自身属性和购买装备，在与敌人打斗时，需根据附有不同属性的怪物选择装备。

游戏名称：现代战争 2：黑色飞马
游戏类型：射击
视觉效果：沙漠风暴的经典游戏画面
游戏简介：

1．是一款以现代战争为题材的第一人称射击游戏，游戏中玩家将加入美国陆军，搭乘黑鹰直升机到世界各地参与各个战场中，体验现代战争枪林雨弹的刺激感。

2．支持多达 10 人在线和本地连线对战，可以选择战役、团队战、炸弹拆除和夺旗战 4 种战斗模式。

游戏攻略：

1. 玩家遭到伤害时，屏幕变红或布满血滴，可躲在一旁，生命值会自动恢复。

2. 在执行任务时，游戏中会有白色的标记，跟着标记方向走即可，非常清楚。

3. 迷路的时候可以按暂停键俯视地图。

4. 要及时躲开油桶、手雷、汽车、坦克等，避免一下子被炸死。

4. 急速沉迷族

人群特点

族人的游戏沉迷度高，多为了在游戏中体验各种乐趣，以达到掌握和征服的欲望，喜欢寻找与现实生活中不同的生活状况，展现自己个性的一面，但受现实状态的约束，自我游离在两种世界观之间。

适合游戏

对游戏掌握欲强，喜欢不断尝试新游戏但希望游戏比较快乐有趣，不要太刺激和复杂，喜欢轻松愉快、内容节奏缓慢的回合制游戏。

游戏推荐

游戏名称：Angry Birds Free（愤怒的小鸟）

游戏类型：回合制

视觉效果：卡通的 2D 画面

游戏简介：

1．游戏整体玩起来轻松、欢快。

2．为了报复偷走鸟蛋的绿皮猪们，鸟儿以自己的身体为武器，仿佛炮弹一样去攻击绿皮猪们的堡垒。

游戏攻略：

当黄色小鸟飞出去后在空中再点一下可以加速；当蓝色小鸟飞出后，再点一下可以分身；当黑色小鸟飞出后，再点一下会自动爆炸。

游戏名称：植物大战僵尸

游戏类型：回合制

视觉效果：清晰、炫丽，简单却不失美观

游戏简介：

1．这是中文版植物大战僵尸，是一款极富策略性的小游戏。可怕的僵尸即将入侵，唯一的防御方式就是栽种的植物。

2．游戏集成了即时战略、塔防御战和卡片收集等要素。游戏的内容就是：玩家控制植物，抵御僵尸的进攻，保护这片植物园。

游戏攻略：

先确定战略思想，然后靠战术将战略实现出来。战术范围包括很广，植物的搭配、战斗时的阵型、植物与僵尸相遇时是战是防都属于战术的范畴。正确的战术是玩家在战斗中胜利的关键。选择正确的战术，需要先分析情况，再做出决定。

5.2 愤怒的小鸟

愤怒的小鸟（Angry Birds）是最近人气火爆的益智游戏。画面卡通可爱、充满趣味性，但是也不乏难度和挑战。

游戏名称：Angry Birds（愤怒的小鸟）
游戏类型：回合类
视觉效果：卡通的 2D 画面
游戏简介：
1．游戏整体玩起来轻松、欢快。
2．为了报复偷走鸟蛋的绿皮猪们，鸟儿以自己的身体为武器，仿佛炮弹一样去攻击绿皮猪们的堡垒。

5.2.1 初级指南——游戏玩法

在 App Store 中购买 Angry Birds（有收费或免费两个版本），然后将其安装到 iPhone 4S 中，即可开始玩游戏了！

❶ 在 iPhone 4S 主屏幕中单击【Angry Birds】图标。

单击该按钮，可以设置游戏的声音、音效等选项

❷ 进入游戏初始界面，单击【开始游戏】按钮即可开始进入游戏。

此标志表示该关卡处于锁定状态，只有通过前一关，后一个关卡才会解锁

⑤ 进入游戏界面，按住弹弓不放，通过拖曳后放开手指，将小鸟弹出去（此时需要控制弹出角度和力度），砸到绿色的猪头，将猪头全部砸中便可过关。

③ 在打开的界面中选择大关卡，这里单击第 2 个大关卡。

④ 进入后选择小关卡（通过一关会解锁下一关）。

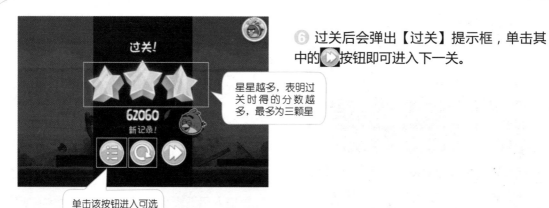

单击该按钮进入可选
择关卡的界面

❻ 过关后会弹出【过关】提示框，单击其
中的 按钮即可进入下一关。

星星越多，表明过
关时得的分数越
多，最多为三颗星

5.2.2 高手晋级——游戏攻略

愤怒的小鸟上手非常容易，但是要想成为真正的玩家高手，就需要花费一番功夫了。

1. 善于利用各种小鸟

熟悉各种小鸟的攻击特性，才能在战斗时作出正确的战略部署，在对的时间使用对的鸟，对猪堡作出
最有效的攻击。

(1) 红色小鸟

操作方法：红色小鸟最普通，只需用弹弓发射
出去打中目标就可以。

擅长攻击：这种小鸟适合攻击猪堡中的木材结
构。

(2) 蓝色小鸟

操作方法：在发射到半空中的时候单击一下，
一只蓝色小鸟会分成三只冲向猪堡！此时需要控制
好分身的时间，在恰当的时间分身可以达到非常好
的攻击效果！

擅长攻击：这种愤怒的小鸟最适合攻打猪堡的
玻璃结构！

(3) 黄色小鸟

操作方法：小鸟弹出后单击屏幕，此鸟会进行二次加速，高速地冲向猪堡，威力倍增！此时需要注意选择好加速的位置，否则它很容易飞越猪堡！

擅长攻击：这种愤怒的小鸟最适合攻打猪堡的木桩。

(4) 黑色的炸弹鸟

操作方法：在需要的时候单击屏幕，此时小鸟就会像地雷一样爆炸，破坏力惊人！

擅长攻击：这种愤怒的小鸟最适合轰炸混凝土结构的猪栏。

(5) 白色的下蛋鸟

操作方法：在鸟的飞行过程中，单击屏幕，它们下一个大蛋，并把自己弹开！蛋掉下来可以击毁猪堡！不要忘了飞高点，不然蛋下不下来！

擅长攻击：这种愤怒的小鸟最适合轰炸混凝土结构的猪栏。

(6) 绿色回旋鸟

操作方法：样子像鸭，将这种愤怒的小鸟发射出去之后，让它们飞到猪堡的对面，此时单击屏幕，会看到小鸟儿又往回飞，并端端正正地打在猪堡上。

擅长攻击：这种愤怒的小鸟最适合攻击从正面攻打不到的位置。

2. 怎样获取金蛋

(1) 所有第一大关以全三星的成绩通关后，会有获得金蛋的机会。此时依次单击一群猪、一群鸟、弹弓、任意一只鸟、任意一个材料和任意一只猪，就能得到一个金蛋。

(2) 所有第二大关以全三星的成绩通关后，会有获得金蛋的机会。此时同时按下第 2、3 个键即可。

(3) 在开始画面的 Credit 里面耐心看开发人员名单可看到金蛋。

(4) 第 5-19 火箭关第一个塔尖右半边的三角石头用下蛋鸟炸开就有金蛋。

(5) 游戏中按问号，然后一页一页翻就可以找到一个金蛋。

(6) 第 2-2 关冰池子里面有一个大彩色球，炸开就有一个金蛋。

(7) 第 4-7 关，将地图缩小，看全景，最右上角有一个金蛋，需要用黄色小鸟加速功能才能打到。

(8) 第 1-8 关，双击中间的宝箱，就可以找到一个金蛋。

(9) 在选关画面中的太阳里隐藏了一个金蛋，双击即可有机会获得。

(10) 第 6-14 关右下角气球打破就有一个金蛋。

(11) 在第 8 大关的右面，一直向左拉动屏幕就可以找到金蛋。

(12) 所有第三大关全三星：取法，左下 1，左下 2，左上 2，左下 1，右下 1。

(13) 在关卡 8-15，打破最左下角的框拿金蛋。

(14) 在关卡 9-14，让爆破鸟在最右边悬崖上的帽子上爆炸，会得到金蛋。

(15) 在关卡 10-3，打破橡皮鸭子，可以找到金蛋。

(16) 在关卡 11-15，缩小画面，左下角有金蛋，回旋鸟反向击之。

5.3 植物大战僵尸

植物大战僵尸是一款益智策略类塔防御战游戏。玩家通过武装多种植物切换不同的功能，快速有效地把僵尸阻挡在入侵的道路上。不同的敌人，不同的玩法构成 5 种不同的游戏模式，加之夕阳、浓雾以及泳池之类的障碍增加了游戏挑战性。

游戏名称：植物大战僵尸
游戏类型：回合制
视觉效果：清晰、炫丽，简单却不失美观
游戏简介：
1．这是中文版植物大战僵尸，是一款极富策略性的小游戏。可怕的僵尸即将入侵，唯一的防御方式就是栽种的植物。

2．游戏集成了即时战略、塔防御战和卡片收集等要素、游戏的内容就是：玩家控制植物，抵御僵尸的进攻，保护这片植物园。

5.3.1 初级指南——游戏玩法

在 App Store 中购买植物大战僵尸游戏，然后将其安装到 iPhone 4S 中，即可开始玩游戏了！

① 在 iPhone 4S 主屏幕中单击【植物大战僵尸】图标。

② 进入游戏初始界面，单击【点击开始】按钮即可开始进入游戏。

③ 首次进入游戏，需要输入用户名，完成后在虚拟键盘上单击【return】键。

④ 此时会进入模式选择界面，这里单击【冒险模式】按钮进入冒险模式。

⑤ 开始游戏，首先需要单击左上角的种子包。

⑥ 单击草地即可种下种子。

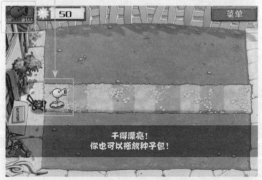

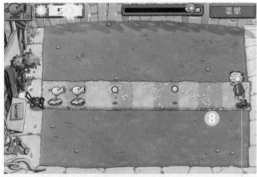

7　单击天空中产生的阳光，即可收集阳光，增加自己的阳光值。

提示

　　除此之外，种植向日葵后，向日葵也能生产阳光。只有采集足够的阳光，才能种植足够多的植物，对僵尸发动进攻 和实施防御，所以玩家需要提前种植足够多的向日葵。

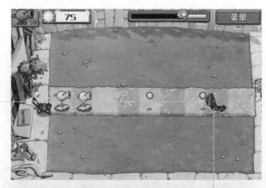

8　种植足够的植物后，僵尸来临时，就能对僵尸发动攻击或进行防御。

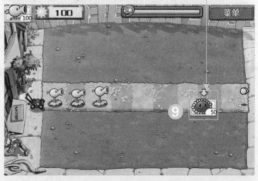

9　通过一关后，会得到一种新的植物种子，单击该种子。

⑩ 在打开的界面中可以看到新得到的种子的特性，单击【下一关】按钮可进入下一个关卡继续游戏。

5.3.2 高手晋级——游戏攻略

玩这款游戏，不同的人有不同的心得，下面对该游戏的场景和有效战术进行分析。

场景一：草地

特点：敌人强度差，突破能力差，阳光生产效率高，场面开阔。

战术：豌豆输出流（满天花雨）

战术要点：先种向日葵，之后补 100 阳光的豌豆，之后在阵型稳定下补齐两列向日葵，经济好了以后用上 3 管豌豆和双倍速豌豆（以后可以升级为机枪豌豆），在豌豆前面放火炬树墩（这套战术的精髓，靠树墩双倍攻击），阵线最前面放个大墙果。

要点 1：上来撑场面的普通豌豆要尽量往前补，因为你离敌人越远，打出的豌豆飞行时间越长，每秒伤害越低，推荐放在左数第三列。

要点 2：有钱了以后可以挖掉之前的普通豌豆，换双倍速豌豆。

场景二：夜幕

特点：地上有墓碑，不仅影响植物摆放，还可能钻出僵尸，晚上阳光产率很低。

战术：喷射蘑菇流。

战术要点：不要用向日葵，要用阳光蘑菇，此物在夜晚生产阳光效率远高于向日葵。多种植不要阳光的喷射蘑菇。尽量提早种下墓碑苔藓，清除墓碑。

要点1：适时放苔藓，小心被过来的僵尸吃掉。

要点2：喷射蘑菇前可以用大墙果保护。

场景三：水上

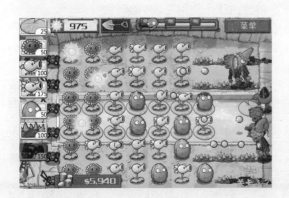

特点：之前的5行地图变为6行，中间多了水路。

推荐战术：豌豆输出流。

要点1：先种经济作物向日葵，水上必须放莲蓬，水路最后4格不会突然冒出僵尸，如果水上有钢帽子僵尸，而且水路火力还薄弱，可以用高坚果挡，也可以用缠绕海藻消灭。

要点2：水路尽量往前顶，陆路上的僵尸不会产生影响。

场景四：雾之夜

特点：有雾，遮挡自己视野，并且越到后面雾的范围会越大。

战术：喷射蘑菇流。

要点1：雾可以用三叶草吹（暂时开视野）或灯草（永久开视野），用灯草时最好先放在中间（放太前就给吃了……），之后火力强了再往前放。

要点2：上来用免费喷射蘑菇四处放，看到哪行的蘑菇攻击了就说明来僵尸了。

场景五：屋顶

特点：有皮筋僵尸空投，必须以投石车类植物为主力，要用花盆才能造植物。

战术：西瓜霜冻流。

战术要点：向日葵为经济作物，上来用卷心菜扛敌人，一个卷心菜远好于一个玉米投掷机，因为你不能指望一个玉米投掷机经常用黄油晕敌人，有钱了换群杀的西瓜，将西瓜升级为冰冻西瓜。

要点1：投石车类植物的弹药飞行轨迹快，离敌人越远越能发挥威力，所以开始时将向日葵放在第3列，再往前加，后面留给投石机。

要点2：如有皮筋僵尸，在第2列第2、4的位置放莴苣（保护一圈8格）。

要点3：用大墙果卡怪。

5.4 我的百宝箱

5.4.1 及时抓住限时免费游戏

在 iTunes Store 中经常会有收费的应用程序限时免费促销，我们不掏腰包就可获得这些可口的 " 大餐 "。即使以后收费，只要在限时免费时间内免费下载过该程序，以后也可以永久享受免费升级，何乐而不为呢？

1. 利用第三方搜索程序

限时免费促销催生了限时免费提醒工具，如 The FAAD App Gold、OpenFeint Game Spotlight、BargainBin With Push、PandoraBox 和 Free App Tracker 等，在 iPhone 4S 中装这些软件之一，即可帮我们搜索限时免费的应用程序。用户可以设定自己关注的收费软件，一旦免费，就会收到推送提醒。平均每天会有 3~5 个免费的应用程序出现。

2. 查看相关网站

我们除了可以用一些软件进行搜索外，也可以通过网站查找限时免费的软件。

http://www.freeappcalendar.com、苹果资讯网（ http://app.178.com/m ）、苹果应用中文站（ http://www.app111.com/free ）这几个网站都能为我们提供免费信息。

5.4.2 如何保存游戏和游戏进度

辛辛苦苦下载和购买的游戏，结果 iPhone 4S 固件一升级，游戏和游戏进度都荡然无存，这样的悲剧可以避免吗？

1. 保存游戏

可以使用 iTunes 中的【传输购买项目】功能，将在 iPhone 4S 中已下载或购买的游戏传输到电脑中的资料库中，升级后重新同步即可。

2. 保存游戏进度

游戏进度可以通过 iTunes【备份】功能来保存，固件升级后再进行恢复即可。

第 6 章

音乐与视频

如何使用 iPhone 4S 听音乐、观看视频？好用的播放器有哪些？在这里您都能找到答案。

视听盛宴，精彩应接不暇

6.1 iPhone 4S 自带的播放器

将音乐或视频从电脑同步到 iPhone 4S 后，即可用 iPhone 4S 自带的【音乐】或【视频】播放器，流畅地播放这些影音文件。

自带的播放器支持的影音格式有 mp3、m4a、mp4 和 mov 等。

6.1.1 设置播放器

为了更加方便地播放影音文件，用户可以根据自己的喜好提前对【音乐】和【视频】播放器进行设置。

01 设置【音乐】播放器

① 单击【设置】图标。

② 在打开的【设置】界面中单击【音乐】选项。

开启【音量平衡】项，可以统一音乐文件的音乐大小，避免听不同的歌曲时，由于不同的歌曲音量大小不一而频繁地调整 iPhone 4S 音量

开启【音量限制】项，可以限制播放音乐时的最大音量

③ 单击【均衡器】选项，进入均衡器设置界面，如果你喜欢重低音，就单击【bass booster】（低音助推器）选项。

提示

均衡器的作用是补偿和修饰音乐的音效。现将常用的几个音效介绍给大家，Classical（古典乐）、Jazz（爵士乐）、Pop（流行音乐）、Hip Hop（节奏强烈的）和 Electronic（电子乐）。

02 视频播放器的设置

该选项可以设置字幕的关闭与否

❶ 单击【设置】图标，在打开的【设置】界面中单击【视频】选项。

❷ 单击【开始播放】选项，可以设置影片下次播放的起始。

❸ 选择【从上次停止的地方】选项，再次启动视频播放器时，就会接着上次视频停止的地方开始播放。

6.1.2 播放音乐

iPhone 4S 播放音乐，简单的操作方式，不简单的音乐播放器。

左（右）滑动后，单击弹出的【删除】按钮，即可删除此列表

❶ 在 iPhone 4S 中单击【音乐】图标。

❷ 单击【音乐】界面底部的【播放列表】选项，音乐就会以播放列表的形式出现。

提示

单击【添加播放列表】选项，可以创建新的播放列表，在已有的播放列表上向左（右）滑动手指，此时会弹出【删除】按钮，单击该按钮可以删除播放列表，同步音乐时在 iTunes 中还可以提前创建编辑播放列表。

❸ 选择要播放的歌曲列表(也可以根据其他分类选择歌曲，如表演者和专辑等)，这里在【播放列表】界面中单击【最近添加的】选项，在弹出的界面中单击要收听的音乐，即可开始播放所选的音乐。

单击【随机播放】项，可以随机播放当前分类下的所有歌曲

播放控制按钮，根据需要可以播放、停止或播放上（下）首歌曲

❹ 在播放控制按钮上方单击，此时即可显示播放进度等信息，在【循环】按钮和【随机】按钮都不激活的情况下，会自动按照顺序连续播放下一个文件。

连续单击此按钮，会在【不循环】、【循环】和【单曲循环】3个播放模式间切换

连续单击此按钮，会在【连续】和【随机】两个播放模式间切换

6.1.3 播放视频

将下载到电脑的视频文件同步到 iPhone 4S 后(具体见第 4.4.2 小节)，即可使用 iPhone 4S 自带的【视频】播放器播放其中的视频。

❶ 在 iPhone 4S 中单击【视频】图标。

❷ 在打开的【视频】主界面中单击要看的视频文件。

视频

单击可返回【视频】主界面

播放进度条

单击可调整影片显示比例

播放控制按钮

❸ 此时即可开始播放所选的视频文件，视频文件默认为全屏播放，如果需要查看播放进度或进行播放控制，可以在界面中间单击，此时会在下方弹出播放控制按钮，在上方显示进度条。

6.2 音乐

无论是在噪杂的地铁，还是在慵懒的被窝，无聊时我们大可戴上耳机，打开 iPhone 4S，聆听音乐的真谛，放松紧张的心绪。

6.2.1 我喜欢的音乐在哪

看看这些网站吧，总有一个适合你！

音乐网站	类型	数量	品质
百度 MP3：http://mp3.baidu.com/	流行金曲、经典老歌、日韩流行、DJ 舞曲、相声曲艺和网络歌曲等多种类型	很多	★★★
搜狗音乐：http://music.sogou.com/	多种歌曲分类，如曲风／流派／心情／感受、主题／场合、 语言种类和乐器演奏等	很多	★★★
电驴音乐下载：http://www.verycd.com/sto/music/	华语音乐、欧美音乐、日韩音乐和古典音乐等	较多	★★★★
巨鲸网：http://www.top100.cn/	流行音乐、摇滚音乐、节奏布鲁斯、爵士蓝调 、拉丁音乐 、古典音乐 、乡村音乐、影视音乐、游戏音乐、动漫音乐、音乐合辑	较多	★★★★★
磨坊高品质音乐论坛：http://www.moofeel.com/	华语歌曲、外文歌曲、纯音乐、古典与民族音乐	较多	★★★★★

请保护音乐版权，支持正版音乐。

6.2.2 多一种选择——更好的听歌软件

在 iPhone 4S 中安装一些好用的音乐播放软件，可以直接用 iPhone 4S 从网上播放或下载喜欢的音乐。

音乐客户端	数 量	是否能离线听	速 度	特 色	品 质
摸手音乐	丰富	支持	快	该软件具有音乐社交功能，听歌时同步显示歌词	较好
QQ 音乐	丰富	支持	较快	该软件界面简洁，容量丰富，听歌时可同步显示歌词	较好
酷我音乐	丰富	支持	快	该软件平台提供有很多高品质的经典老歌、网络歌曲、流行排行和评书小说	很好
多米电台	丰富	支持	快	该软件能记录用户喜好，根据喜好推荐合适的音乐	一般

下面以 QQ 音乐为例，介绍如何在线听音乐。

输入歌手或歌曲名，即可在线搜索你想听的音乐

❶ 在 iPhone 4S 中下载并安装 "QQ 音乐" 软件，单击【QQ音乐】图标启动 QQ 音乐。

❷ 在主界面底部单击【在线音乐】选项，单击喜欢的分类，这里单击【热歌榜单】选项。

❸ 在打开的类别中单击歌曲名，即可开始欣赏音乐了。

❹ 单击音乐封面，即可调出上方的进度条和下方的播放控制按钮。

6.2.3 "摸手音乐"播放器——保存歌曲的方法

只要使用播放器"摸手音乐"在网络上听过一首歌,再听这首歌时,不必连接网络,想听就听。

❶ 在 iPhone 4S 中下载并安装"摸手音乐"客户端,然后启动"摸手音乐"。

❷ 单击【在线乐库】按钮,即可进入【在线音乐】界面。

❸ 选择分类,这里我们选择"歌曲 TOP500"类,即可显示该类中的音乐。

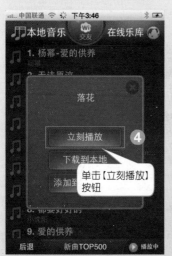

❹ 单击歌曲名,然后在弹出的界面中单击【立刻播放】按钮,直至音乐播放完毕,这样就能自动保存此音乐文件。

> **提示**
>
> 单击【下载到本地】按钮,也可将音乐存放到本地。

❺ 单击【后退】按钮,返回到【在线乐库】界面。

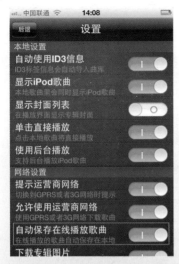

提示

　　单击【设置】按钮，即可打开【设置】界面，启用【自动保存在线播放歌曲】功能，单击左上角的【后退】按钮退出该界面。以后再选择在线播放歌曲时，即可将播放的歌曲自动保存到本地。

　　除了摸手音乐，支持歌曲离线播放的音乐播放器还有QQ 音乐、哎姆音乐、多米和酷我听听等。

6 单击【本地音乐】按钮，即可看到刚刚试听过的音乐（必须是试听完整的歌曲，它已经自动保存在iPhone 4S 中了），这样我们在无网络的情况下也可以随时享用。

6.2.4 闻"音"识歌曲——听歌曲的旋律或是歌词找到歌曲

　　有没有那么一首歌，旋律那样熟悉，却想不起歌名？下面介绍的这个软件，只要知道歌曲的一点旋律或几句歌词，就能帮你找到歌名。

❶ 在 iPhone 4S 中下载并安装"SoundHound"（音乐猎手）客户端，单击【SoundHound】图标启动该软件。

❷ 将 iPhone 4S 靠近正在播放的音乐声音来源处并单击界面中的【TapHere】（轻击此处）按钮。

❸ SoundHound 会根据歌曲的旋律、歌词识别出歌名。

识别完成后自动弹出【Results】（结果）界面，显示识别出的歌曲信息

6.3 视频

有了 iPhone 4S，你可以随时随地沉浸在精彩的视频世界里。

6.3.1 我喜欢的视频在哪

看视频，我推荐，选哪个，你做主。

视频网站	特色
QQ 视频：www.QQlive.com	提供的电台频道丰富、多样，适合于大众群体
中国网络电视台：IPhone.cntv.cn	可以在线观看国内各大电视台的直播电视
酷 6：www.ku6.com	该网站的原创视频最多，深受广大用户喜爱
优酷网：www.youku.com	以媒体自居，具有信息量广的特点；以快速而闻名，追求"快速播放，快速发布，快速搜"的产品特性
PPLIVE 视频：IPhone.pptv.com	播放速度最流畅，画质好

6.3.2 多一种选择——好用的视频播放器

iPhone 4S 中的 App Store 中藏龙卧虎，其中不乏强大的影视客户端应用，安装它们，你就如同拥有了电影院。

电影客户端	特色	速度	数量	是否能离线看	品质	有效性
奇艺影视	内容丰富且多元化，节目持续更新，内容播放清晰流畅，操作界面简单友好	快	丰富	否	高清	能
迅雷看看	该软件所提供影片的清晰度和流畅度都令人称赞	快	一般	能	高清	能
优酷	较多新闻视频	一般	丰富	否	良好	能
搜狐视频	该软件中所提供的影视和类多、速度快	良好	良好	否	良好	能
土豆网	可以上传、下载与分享视频，并支持下载	一般	较少	能	一般	能

6.3.3 最受欢迎的视频播放器使用方法

迅雷看看支持在线观看和本地视频的观看。支持多种格式的视频，Rmvb 格式的高清视频是影迷们一直追捧的视频格式，迅雷看看能满足影迷的需求，随时随地观看高清视频。

迅雷看看
支持格式：多种视频和音频格式
同类推荐：QQ 影音、快播

01 播放影片

❶ 在 iPhone 4S 中安装并启动"迅雷看看"，在主界面底部单击【频道】选项，单击顶部的视频类型，如这里单击【电影】按钮，在下方弹出的列表中选择要看的视频类型，这里单击【动漫】选项。

❷ 单击要看的剧集，这里单击【猫和老鼠】缩略图，打开该剧集列表。

❸ 单击剧集列表中的【第3集】，即可观看该视频。

> **提示**
>
> 如果视频没有剧集列表，单击 ⊙ 按钮，即可播放该视频。

单击可以返回上一界面

此时即可开始播放所选视频

❹ 进入播放界面，如果想将影片保存到本地，可以单击 ⊡ 按钮，在弹出的对话框中单击【下载】按钮即可。

02 搜索影片

❶ 在右上方单击【搜索】按钮 🔍。

❷ 在搜索框中输入影片名（这里我们以"倒霉熊"为例）。

❸ 单击【搜索】按钮。

❹ 根据需要单击搜索到的结果。单击要看的剧集即可进行观看。

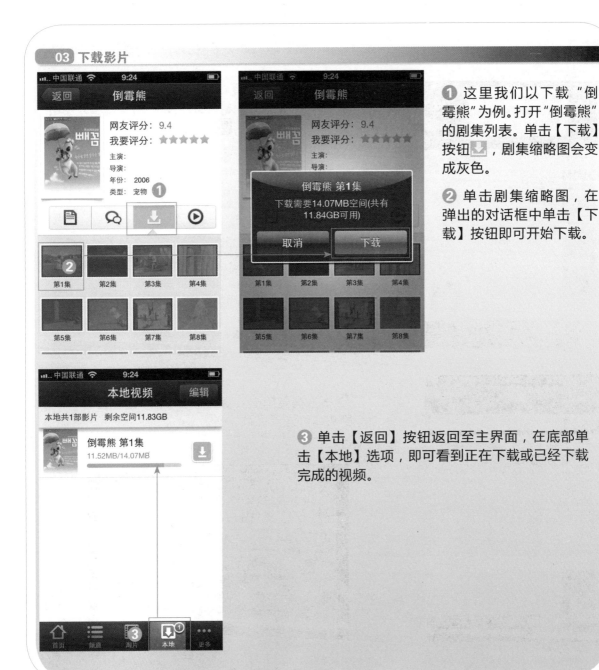

03 下载影片

① 这里我们以下载"倒霉熊"为例。打开"倒霉熊"的剧集列表。单击【下载】按钮，剧集缩略图会变成灰色。

② 单击剧集缩略图，在弹出的对话框中单击【下载】按钮即可开始下载。

③ 单击【返回】按钮返回至主界面，在底部单击【本地】选项，即可看到正在下载或已经下载完成的视频。

6.4 我的百宝箱

巧用迅雷无线传输高清视频

小强学会了运用 iTunes 添加视频，有一次他拿着 iPhone 4S 去朋友家玩，看到朋友的电脑上有很多好看的高清视频，他想拷贝到 iPhone 4S 上慢慢地看，但是他没有拿数据线，怎么办呢？他朋友说："没关系！只要你的 iPhone 4S 中安装有迅雷看看，先把 iPhone 4S 连接我家的 Wi-Fi 热点，这样电脑和 iPhone 4S 就处于同一个局域网，就能通过无线的方式将电脑中的视频传输到你的 iPhone 4S 中了。"

❶ 将 iPhone 4S 和电脑连接到同一个局域网，在 iPhone 4S 中启动"迅雷看看"，在主界面底部单击【淘片】选项，然后在该选项卡下单击【Web 传输】选项。

❷ 打开【电脑文件传输】界面，记住其中出现的地址。

❸ 在电脑中启动 IE 浏览器，在地址栏中输入 iPhone 4S 中的【电脑文件传输】界面显示的地址，完成后按下回车键，即可进入【Wi-Fi 文件上传页】界面，单击【添加文件】按钮。

❹ 在打开的对话框中找到要传输的视频文件，选中后单击【打开】按钮。

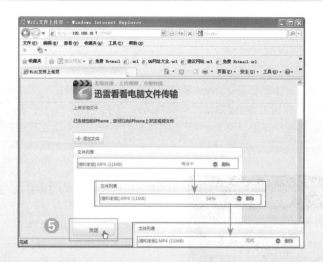

⑤ 返回至【Wi-Fi 文件上传页】界面，看到添加进来的视频文件，单击【发送】按钮，即可开始往 iPhone 4S 中传送所添加的视频文件，在【文件列表】中可以看到视频文件传输的进度。

传输日志

⑥ 待视频传输完成后，在 iPhone 4S 中的【电脑文件传输】界面可以看到传输日志中已经显示传输完成，在该界面左上方单击【返回】按钮。

传输进来的视频文件，单击即可用"迅雷看看"播放该文件

⑦ 此时将返回至【迅雷看看】主界面，单击界面底部的【本地】选项，即可看到已经传输进来的视频文件，单击即可播放该文件。

第 7 章

看书

有了 iPhone 4S，书虫们要通读万卷图书，再不用经受搜寻之奔波、伏案之劳形。

用 iPhone 4S 呈现书中的大千世界

7.1 在哪找到我喜欢的图书

如果你是一名书虫，凑巧又拥有了 iPhone 4S，那么恭喜你，你可以尽情享受 iPhone 4S 带给你的超舒适阅读体验了！

7.1.1 我喜欢在哪些网站看书

iPhone 4S 是书海中的一叶轻舟，通过一些图书阅读网站，书虫们可以轻松畅游知识的海洋。可是在线阅读网站有很多，看小说的去处也很多，大家都喜欢去哪些网站看最爱的小说呢？

● 起点中文网
网站特色：娱乐　原创文学网站
藏书数量：较多
更新速度：很快
网址：www.qidian.com

● 小说阅读网
网站特色：原创　广告少
藏书数量：一般
更新速度：一般
网址：www.readnovel.com

● 新浪文化读书
网站特色：类型丰富　历史　军事类较多
藏书数量：稍多
更新速度：一般
网址：book.sina.com.cn

● 晋江文学城
网站特色：女性文学　专业的言情网站
藏书数量：较多
更新速度：很快
网址：www.jjwxc.net

● 红袖添香
网站特色：文学网站
藏书数量：一般
更新速度：较快
网址：www.hongxiu.com

● 榕树下
网站特色：文学互动
藏书数量：较多
更新速度：慢
网址：www.rongshuxia.com

7.1.2 将图书下载到 iPhone 4S

将图书下载到 iPhone 4S 上，想什么时候看就什么时候看，岂不乐哉！

俗话说：有备无患，我们首先介绍两个大家常去的图书下载网站吧，然后再从中下载喜欢的图书。

01 图书下载网站

● 掌上书苑

网站特色：提供最全的 epub、mobi 格式的电子书

免费指数：虚拟纸币　　　提供格式：epub、chm、mobi

网址：www.cnepub.com

● 书仓网

网站特色：为个人提供的在线书房，允许用户在线制作、转换、存储、分享各类电子书报

免费指数：免费　　　提供格式：epub、mobi、pdf、chm、word

网址：www.shucang.com

提示

网上免费的图书资源虽然有很多，但为了保护自己和他人的利益，请大家尊重版权，支持正版图书。

02 将图书下载到 iPhone 4S

❶ 单击【Safari】图标。

❷ 在地址栏中输入网址，这里输入 "www.cnepub.com"，在虚拟键盘上按下【Go】键，进入掌上书苑。

❸ 在搜索栏中输入书名，这里输入 "斗破苍穹"，然后单击【搜书】按钮即可。

提示

　　在掌上书苑下载图书之前需要先登录书苑账号。

❹ 单击搜索到的图书。

❺ 在 "下载这本书" 下方单击需要下载的图书格式即可开始下载。

⑥ 下载完成之后，单击【打开方式...】按钮，选择
阅读图书的阅读器，即可开始阅读图书。

> **提示**
>
> 在【打开方式...】中将列举出你的 iPhone 4S
> 已经安装并支持该格式的阅读平台。

7.2 资深书虫看过来

我习惯在网页上看连载小说，在 iPhone 4S 中能否实现呢？

电脑中保存了很多 TXT 电子书，用 iPhone 4S 还能读这些图书吗？

怀旧的书虫们，iPhone 4S 没有让你们失望！在 iPhone 4S 中，你依然可以使用自己原有的习惯阅读电子图书。

7.2.1 看连载小说

在接入网络的情况下，书虫们可以在线阅读，抢先看到连载小说的最新章节。

① 单击【Safari】图标。

❷ 在地址栏中输入 "www.qidian.com"，在虚拟键盘上按下【Go】键，进入起点中文网。

❸ 在【关键字】文本框中输入要搜索内容的关键字（如"吞噬星空"），然后单击【搜索】按钮开始搜索。

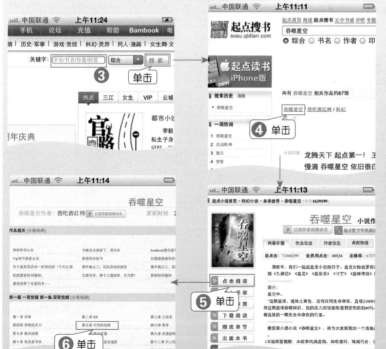

❹ 单击搜索到的作品，即可进入图书简介界面。

❺ 单击【点击阅读】按钮进入目录列表。

❻ 单击章节名就可以阅读。

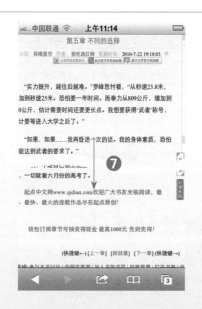

❼ 使用手指上下滑动可查看前面或后面的内容。

7.2.2 如何看 TXT 电子书

使用阅读器 Apabi Reader 可以将电脑中的 TXT 电子书导入到 iPhone 4S 中，并进行阅读。导入的方式有两种，一种是无线传输，另一种需要用数据线连接 iPhone 4S 和电脑。

01 无线传输 TXT 电子书

【Apabi Reader】图标

❶ 在 iPhone 4S 中下载并安装 Apabi Reader，然后单击【Apabi Reader】图标。

❷ 进入书架，在界面下方单击 📶 按钮，此时会在打开的对话框中显示 Web 服务器地址。

显示 Web 服务器地址

要注意的是在电脑中的 IE 浏览器地址栏中输入服务器地址

③ 在电脑中打开 IE 浏览器，在地址栏中输入显示的 Web 服务器地址。

④ 单击 → 按钮，在打开的界面中添加 TXT 文件即可。

提示

神奇吧！这种方法不需数据线就能传输电子书，但是，当需要添加多个电子书时，就不能批量地传输，而需要逐一添加到 iPhone 4S 中。

02 有线传输 TXT 电子书

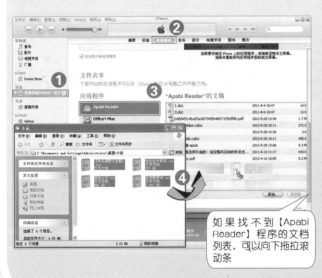

如果找不到【Apabi Reader】程序的文档列表，可以向下拖拉滚动条

① 使用数据线将 iPhone 4S 与电脑连接，在电脑中启动 iTunes，然后选择识别的 iPhone 4S（这里的 iPhone 4S 名为"龙数码的 iPhone"）。

② 单击【应用程序】选项。

③ 单击【Apabi Reader】选项。

④ 将一个或多个电子书直接拖曳至【Apabi Reader】程序的文档列表中。

用 iPhone 4S 看 TXT 电子书

新添加的 TXT 电子书

1 单击上传的 TXT 电子书。

2 单击页面的右上角（或右下角）可像书本一样翻页。

诗—《毁灭》了具有中国民族特色的了《中国新文》风格；再次，他的散文之写了《是》艺术价值—《匆匆》、作进行了《荷塘月色》**2** 单击 春》还第一次在入认为是白话美文的学课程—《中》被选为大中学校的并且留有讲义稿本养文学青年和繁究纲要》。无疑，他了宝贵的艺术经学的拓荒者和创业者之对新文学的最大贡献，是朱自清，在古的散文小品，它们在新文言学、文艺着极为重要的地位。首先，他有很深的造冰心等人之后 又一位突出方面的，文家，他以"美文"的创作实验 教育最为打破了复古派认为白话不能作 清系文"的迷信，尽了对旧文学示《楚务；其次，他在中国古典文学的 古 籍础上和"五四"中西文化交流的背景

提示

此方法也适用于其他除了 iBooks 之外的阅读器，如 Stanza 等。

3 单击页面的中间位置（出现进度条和按钮）。

4 单击【书架】按钮，返回"我的书架"。

提示

对 Apabi Reader 进行设置，可以在下次启动 Apabi Reader 时自动继续上次阅读。

书架 **4** 朱自清散文全集

具有极高的艺术价值，《匆匆》、《背影》、《荷塘月色》、《春》等名篇，一直被认为是白话美文的典范，历来一直被选为大中学校的语文教材，它为培养文学青年和繁荣散文创作提 **3** 了宝贵的艺术经验。 位于全书的 0.48%处

作为学者和教授的朱自清，在古典文学、语文教育、语言学、文艺学、美学等学科领域 都有很深的造诣和建树。他的贡献是多方面的，尤以古典文学研究和语文教育最为突出。《经典常谈》是朱自清系统述《诗经》、《春秋》等 辞》、《史记》、《汉书》等古籍

设置 Apabi Reader

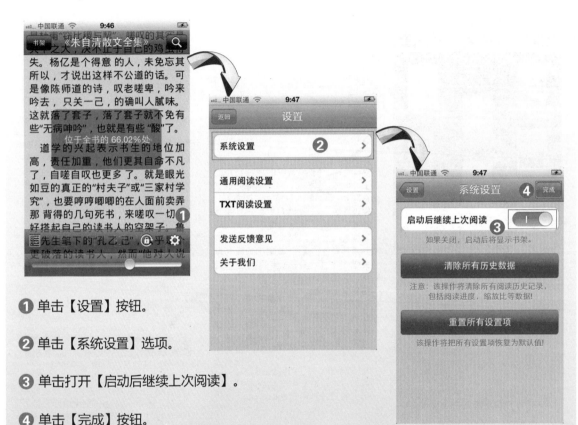

① 单击【设置】按钮。

② 单击【系统设置】选项。

③ 单击打开【启动后继续上次阅读】。

④ 单击【完成】按钮。

7.3 我是潮人，我这么看书

潮人读书风来了！

让我们一起在iPhone 4S中阅读,充分体验iPhone 4S这一舒适、实用和方便的阅读利器！

7.3.1 让书虫狂热的平台介绍

在 iPhone 4S 中安装一些阅读器（即海量图书馆），就可以实现在丰富的书海中查找、下载电子书（建议使用无版权问题的电子书），然后进行舒适阅读的全部过程。

 Stanza

优点：功能强大、可添加书源

缺点：支持图书格式少

支持格式：ePub

体验指数：★★★★☆

 iBooks

优点：官方、华丽、支持分组

缺点：iBookstore 中的中文图书少

支持格式：ePub、pdf

体验指数：★★★★☆

 ShuBook

优点：功能丰富、图书资源多

缺点：阅读体验一般

支持格式：ePub、txt、pdf、doc、ppt 等

体验指数：★★★★☆

 GoodReader For iPhone

优点：功能强大、格式兼容性强

缺点：英文看着比较费劲

支持格式：txt、pdf、doc、ppt、xls

体验指数：★★★★★

让我们以 iBooks 为例，体验阅读电子图书的过程！

① 进入电子图书下载网站，这里以进入书仓网（ www.shucang.com ）为例。

② 搜索并下载图书。

❸ 单击【打开方式...】按钮。

❹ 在弹出的列表中选择打开图书的方式，这里选择【iBooks】，即可将图书保存到 iBooks 的书架并打开第一页。

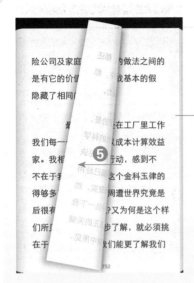

⑤ 手在屏幕上向左滑动，即可翻页。

⑥ 如果想标记本页，以便以后可以快速找到此页，可以单击按钮插入书签。

⑦ 单击 ☰ 按钮，可以返回到目录页。

⑧ 单击【书签】按钮，可以查看添加过的书签。单击书签列表中插入的某个书签，即可转到书签位置。

⑨ 单击【书库】按钮，即可返回 iBooks 书架。

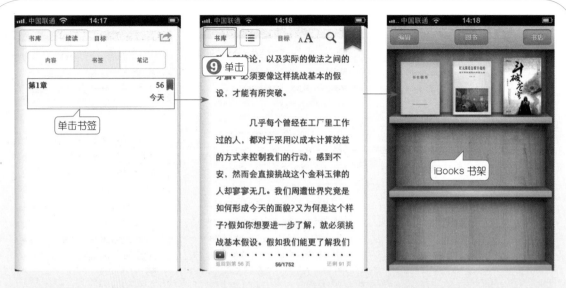

7.3.2 读览天下杂志

喜欢杂志的亲们都是十足的完美主义者，iPhone 4S 的大屏幕呈现出的杂志效果，肯定会让你惊呼出声的！

用 iPhone 4S 阅读杂志时，可以使用杂志阅读器中的商店购买杂志后阅读，也可以直接在 App Store 中下载某个特定的杂志并阅读。

杂志阅读器	特色	免费指数
读览天下杂志	杂志内容丰富，知名品牌多，杂志价格较贵，阅读时缓冲较慢	收费多
沃杂志	创新、时尚、资讯实时更新	免费
中文杂志	资源丰富、分类详细，但更新较慢	收费多
杂志天下	方便易用，但书籍种类不是很丰富	收费多
北斗杂志网	中国期刊网合作杂志	免费

❶ 在 iPhone 4S 中下载并安装"沃杂志"，在主屏幕中单击【沃杂志】图标。

❷ 滑动手指翻动杂志列表，选择杂志期刊。

❸ 在杂志列表封面图上单击一下，可查看杂志的详细内容。

❹ 单击【下载】按钮。

❺ 弹出【提示】对话框，单击【确定】按钮。

❻ 下载完成后，单击【我的杂志】选项，可以查看下载的期刊杂志。

❼ 单击杂志列表，查看杂志的内容。

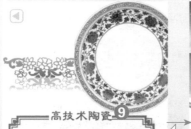

❽ 单击进入杂志的阅读界面。

❾ 用手指滑动界面查看杂志的详细内容。

相仿，最早见于郑州二里岗商代遗址的原始瓷器便是从原始陶器发展而来的。这种叫做"青釉器"的早期瓷器，表面施有一层石灰釉，与今天的瓷器还不完全相同。过了一千七八百年，到了东汉和魏晋，曹操、诸葛亮们才使用上和今天差不多的瓷器。那时

关键词

瓷都景德镇

从汉朝便开始烧瓷的这个江西小镇，因公元1004－1007年间为宫廷生产瓷器得名的景德镇瓷器，套用了宋真宗

7.3.3 能听的图书

看书怕毁坏眼睛，那么听书呢？
iPhone 4S 让你享受听书带来的无限乐趣。

有声图书阅读器	优点	缺点	免费指数
娃娃故事乐园	看 听 玩	资源较少	部分免费
搜音客－有声书城	热门 海量	程序费用太高	部分免费
天籁听书（有声书）	海量 更新快	iPhone 4S 样式的小界面	大部分收费
宝贝听书──小孩故事 200 篇	精彩 有趣	资源不够丰富	收费
有声武侠小说	武侠	无法同时观看字幕	收费

① 在 App Store 中搜索并下载"蜗居"有声书，在主屏幕中单击【蜗居】图标。

② 单击【更多】按钮，可以查看更多的有声图书。

③ 单击类别名，即可看到该类别详细的有声书列表。

提示

　　在步骤 ② 中单击【设置】按钮，可以设置语言、播放、定时和后台播放等。下图显示的是【定时设置】。

7.3.4 让漫画迷不能自拔

你是漫画爱好者吗？如果是，请到这边来，教你如何将好看的漫画一网打尽。

漫画阅读器	特色	免费指数
eREAD isoshu lite	操作简单方便	免费
Comicse 漫画书	最大的英语漫画图书馆	免费
漫画世界	简单易用、方便上传下载	部分免费
漫画天下	分类全面，作品多	收费

❶ 在 App Store 中搜索并下载"漫画世界"应用程序，在主屏幕中单击该图标。

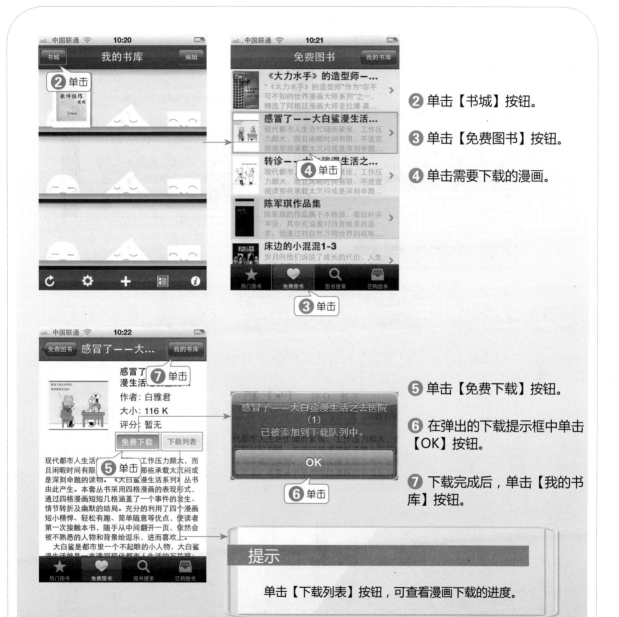

2 单击【书城】按钮。

3 单击【免费图书】按钮。

4 单击需要下载的漫画。

5 单击【免费下载】按钮。

6 在弹出的下载提示框中单击【OK】按钮。

7 下载完成后，单击【我的书库】按钮。

提示

单击【下载列表】按钮，可查看漫画下载的进度。

⑧ 在【我的书库】中，单击即可开始看漫画。

7.4 仗义的书虫——有好东东就要分享

有了好书，不要忘了好友们哦！要记得给他们发送过去，从而一起分享书中的精彩！

7.4.1 将爱书 E-Mail 给好友

赶紧把好看的书 E-Mail 给好友，交流我们之间的灵魂世界吧！

① 在 iPhone 4S 主屏幕上单击【iBooks】图标。

② 打开 iBooks，在书架中单击要发送的图书。

③ 单击 ⬆ 按钮，弹出列表。　　④ 单击"电子邮件"，进入邮件发送界面。

⑤ 输入收件人。　　⑥ 单击【发送】按钮，即可发送。

提示

只能将 iBooks 中 PDF 格式的图书通过邮件发送给好友，购买的 Epub 图书则不能通过邮件发送。在互相传送 PDF 图书时，请保护图书版权，勿将图书用于商业用途。

7.4.2 将邮件中的图书保存到 iPhone 4S 中

咦！邮箱里怎么多了一个邮件，打开邮件，你会更加惊喜，因为你的好友给你发了一本非常好看的童话哦！感谢好友之余，赶紧将书保存到 iPhone 4S 中吧！

有未读邮件哦！

① 在 iPhone 4S 主屏幕上单击【Mail】图标。
② 单击未读邮件，可在右侧界面查看邮件内容。
③ 单击收到的图书附件。
④ 单击【打开方式：iBooks】选项，打开图书。

⑤ 单击【书库】按钮，返回到书架。

7.5 我的百宝箱

7.5.1 iPhone 4S 支持哪些电子书格式

iPhone 4S 支持的最主流的电子书格式有 ePub、pdf、txt 和 cebx 等。

格式	阅读器
ePub	iBooks、Stanza、ShuBook 等
pdf	iBooks、Apabi Reader、GoodReader 等
txt	ShuBook、GoodReader 等
cebx	Apabi Reader 等

7.5.2 删除 iPhone 4S 中的电子书

为了 iPhone 4S 能有更大的存储空间，把不需要的电子书尽快删除吧！

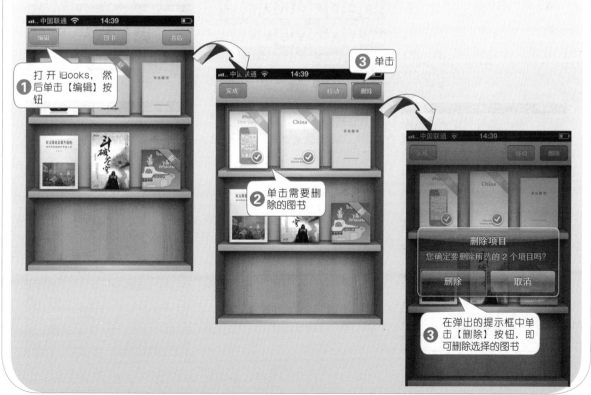

7.5.3 在 iBooks 中新建文件夹

iBooks 书架上的图书太多，那就新建文件夹，对图书进行分类存放吧。

第8章

网络聊天与交友

智能手机，让我们在没有电脑的情况下，依然乐享丰富多彩的在线生活，体验无止境的沟通社交趣味，广交天下的朋友。

多彩在线生活，你我连接一线

8.1 QQ 聊天

　　QQ 几乎成了聊天的代名词，无论 PC 还是手机都会有这只小企鹅的身影。而手机 QQ 更让人感受到手指轻触与滑动之间的聊天乐趣，更能发送图片、管理好友，让你玩转指尖世界，沟通无限。

程序名称：QQ 2012
程序大小：35.6MB
系统要求：需要 iOS 3.0 或更高版本

❶ 在 iPhone 4S 中下载并安装 QQ，启动 QQ，单击【点此设置帐号】，进入 QQ 界面。

❷ 输入【帐号】和【密码】。

❸ 单击【完成】按钮后即可登录主页面。

❹ 在好友列表中单击联系人。

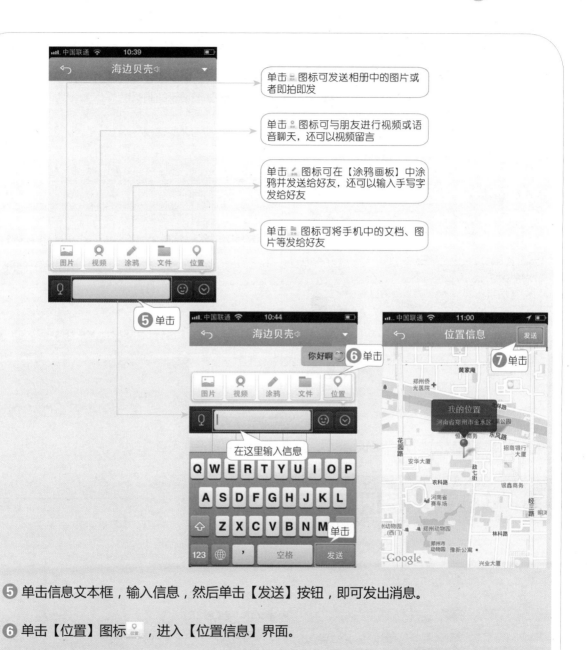

单击 图标可发送相册中的图片或者即拍即发

单击 图标可与朋友进行视频或语音聊天，还可以视频留言

单击 图标可在【涂鸦画板】中涂鸦并发送给好友，还可以输入手写字发给好友

单击 图标可将手机中的文档、图片等发给好友

在这里输入信息

⑤ 单击信息文本框，输入信息，然后单击【发送】按钮，即可发出消息。

⑥ 单击【位置】图标 ，进入【位置信息】界面。

⑦ 单击【发送】按钮即可发送你的地理位置。

提示

在聊天界面单击 ◎ 按钮可以显示或隐藏如图所示的图标栏：

⑧ QQ 那头的朋友的 QQ 界面显示地址超链接，单击超链接即可查看。

8.2 玩转 QQ 空间

玩转你的 QQ 空间，让别人羡慕去吧！

程序名称：QQ 空间
程序大小：23.8MB
系统要求：需要 iOS 3.0 或更高版本

❶ 在 iPhone 4S 中下载并安装 QQ空间,启动QQ空间,单击【登录】按钮,进入【设置帐号】界面。

❷ 输入【帐号】和【密码】,然后单击【登录】按钮。

❸ 登录 QQ 空间页面,单击下方的【与我相关】按钮可显示与你相关的消息。

❹ 单击【好友动态】按钮进入【全部动态】界面可查看自己和 QQ 好友的全部动态。

⑤ 单击 ⊕ 按钮，在弹出的按钮
列表中单击【拍摄】按钮，进入
拍照界面。

⑥ 单击 📷 按钮即可拍摄照片。

⑦ 单击【使用】按钮进入【手机相册】界面，单击【滤镜】按钮为照片添加滤镜，
然后添加描述，单击【上传】按钮即可将照片上传至 QQ 空间。

⑧ 在【主页】界面单击【照片】选项，进入【我的照片】界面，单击上传的照
片即可查看。

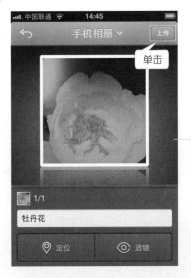

提示

　　单击【更多】按钮，在打开的【更多】界面中用户可以看到系统提供的应用程序和推荐软件。单击【设置】按钮 ⚙，进入【设置】界面，在这里除了可以对 QQ 空间进行一些基本的设置，还可以切换账号。

关于	>
清除数据缓存	
切换帐号	

8.3 MSN 聊天

iPhone 4S 中也可以使用 MSN，让你可以更好地与朋友联系。

程序名称：MSN

程序大小：2.4MB

系统要求：需要 iOS 3.2 或更高版本

❶ 下载并安装 MSN 软件，启动 MSN，进入登录界面。

❷ 输入 MSN 账号和密码。

❸ 单击【登录】按钮即可。

❹ 进入【好友】界面，在联系人列表中单击联系人的名字（如"nn"）。

❺ 在空白框中输入信息，然后单击【发送】按钮，即可发送消息。

8.4 使用 iPhone 4S 免费发短信

想要随意地发免费信息吗？飞信让你轻松搞定这一切。

程序名称：飞信
程序大小：12.2MB
系统要求：需要 iOS 4.0 或更高版本

使用飞信发短信之前需要先用手机号进行注册

❶ 下载并安装飞信软件，单击【飞信】图标。

❷ 进入飞信【登录】界面，输入【帐号】和【密码】。

❸ 单击【登录】按钮即可。

❹ 进入【好友】界面，单击【我的好友】选项，在弹出的列表中单击需要发送信息的朋友。

❺ 在【发送】按钮的左侧空白框中输入信息，然后单击【发送】按钮，即可发送消息到朋友的手机中。

8.5 轻松玩转微博

现在都在玩微博，你不玩就 Out 了。

你可以用一句话抒发心情，也可以随时了解明星的动态，还可以给明星发信息，是不是很爽！赶紧来了解一下吧。

微博代表	特色
新浪微博	大多数明星都活跃于此，你可以关注他们，最快了解他们的动态
腾讯微博	以广大的 QQ 用户群为依托，你的 QQ 好友可能都在上面哦
搜狐微博	微博界的后起之秀，特点在于和博客、视频、相册、圈子、新闻的整合

8.5.1 设置微博

用户可以根据自己的喜好设置微博头像、阅读模式以及主题（微博背景）等。下面以新浪微博为例，来看一下如何玩微博。

01 登录微博

程序名称：微博
程序大小：14.5MB
系统要求：需要 iOS 3.0 或更高版本

❶ 下载并安装微博软件，单击【微博】图标，进入登录界面。

❷ 输入【登录名】和【密码】。

❸ 单击【登录】按钮即可进入微博首页。

02　上传头像

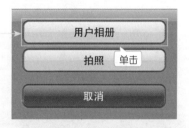

❶ 单击【我的资料】选项，在【我的资料】界面中单击【编辑】按钮。

❷ 进入【编辑个人资料】界面，单击【上传头像】选项，在下方弹出的列表中选择【用户相册】选项。

❸ 在打开的相簿中单击图像。

❹ 单击【选取】按钮，可返回【编辑个人资料】界面，查看上传后的头像。

❺ 单击【保存】按钮即可。

03 设置阅读模式和主题

❶ 在首页界面单击下方的【更多】选项,在【更多】界面中单击【阅读模式】选项,设置阅读模式。

显示主题效果

❷ 单击【主题】选项,在【主题】界面中选择一种主题样式,例如选择【蜜桃粉】选项。

单击【默认】,可还原默认的主题

单击

8.5.2 发表 / 阅读微博

　　走进微博，看看好友的动态，发发自己的感慨，晒晒心情。写句话，发张图，记录生活的点滴瞬间，和好友一起分享并交流。

01 **发表微博**

　　心血来潮，晒晒我的心情。

  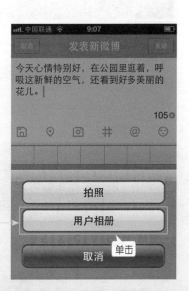

❶ 单击【微博】图标，进入登录界面，输入【登录名】和【密码】，单击【登录】按钮即可登录。

❷ 在微博首页单击 图标，进入【发表新微博】界面。

❸ 在【发表新微博】界面写博文。

❹ 单击 按钮，在下方弹出的列表中选择【用户相册】选项。

⑤ 在打开的相簿中选择图片，进入图片的特效界面，选择一种特效，然后单击✅按钮即可返回【发表新微博】界面。

⑥ 单击【发送】按钮即可。

⑦ 在微博首页单击【刷新】按钮C可看到发表的博文，单击可查看详情。

02 阅读微博

❶ 登录微博。

❷ 在微博的首页界面单击【刷新】按钮 $\mathbb{C}$ ，可更新显示博友博文。

❸ 如果对某位博友的博文感兴趣，可单击查看博文详情。

8.5.3 玩转微博的技巧

要想玩好微博，让你的微博受到更多粉丝的关注，那就掌握一些技巧吧。

1. 大的方向

(1) 给微博一个定位。微博为谁写？是为亲友写，为自己写，还是为某个特定人群写？

(2) 写微博的目的。是为了记录自己的生活，为了社交交友，为了学习知识、技术，为了分享思想、经验，为了影响别人，为了展示自己，还是为了休闲、娱乐？

(3) 学会网页版本和手机版本微博的使用，随时随地都能上微博、发微博，能够用手机及时捕捉生活瞬间，或者身边发生的实时新闻事件。

2. 细节方面

(1) 写好第一句话。第一句话非常重要，是吸引眼球的，就像新闻标题一样。

(2) 善用标点符号。巧用标点符号，把句子分开不仅美观还能更好地表达自己的思想。

(3) 用 1、2、3 分开你的主观点，让微博更易读。

(4) 写好最后一句。微博最后一句话也非常重要，有引导性作用，可以发问来引导留言，或"请转发"引导转发。

(5) 发出之前，检查错别字。

8.6 找到身边的帅哥与美女

大街小巷，语音聊天随处可见，人们都在拿着手机对讲，让沟通变得更加多样，有滋有味。

如果在你的 iPhone 4S 中安装微信软件，不仅可以和他 / 她语音聊天，还可以找到身边的帅哥和美女。

程序名称：微信
程序大小：26.4MB
系统要求：需要 iOS 3.0 或更高版本

01 微信聊天

❶ 单击【微信】图标，启动微信。

❷ 单击【登录】按钮，进入微信的登录界面，使用微信号或 QQ 号直接登录。

❸ 在【微信】界面，单击需要聊天的微信好友，即可发起聊天。

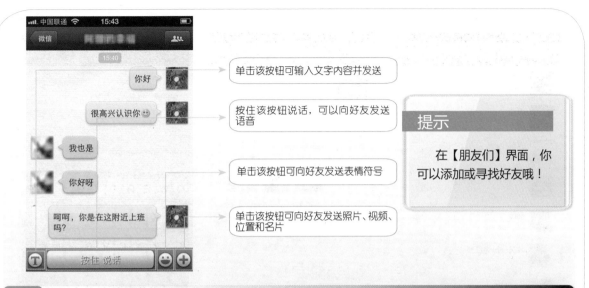

单击该按钮可输入文字内容并发送

按住该按钮说话，可以向好友发送语音

单击该按钮可向好友发送表情符号

单击该按钮可向好友发送照片、视频、位置和名片

提示

在【朋友们】界面，你可以添加或寻找好友哦！

02 找到身边的帅哥美女

① 单击【附近的人】选项，进入【附近的人】界面。

② 单击 按钮，在弹出的列表中可选择【只看女生】或【只看男生】选项。

❸ 单击列表中的某一个朋友选项，可查看其详细资料。

❹ 单击【打招呼】按钮，进入【打招呼】界面，输入打招呼的内容。

❺ 单击【发送】按钮即可。

8.7 我的百宝箱

8.7.1 删除 QQ 聊天记录

聊天的记录不想被别人看到，那么我们来看一下如何将 QQ 聊天记录删除。

❶ 单击【QQ】图标，登录 QQ。

❷ 单击需要删除聊天记录的好友的头像，进入聊天界面。

❸ 单击右上角的 ▾ 按钮，在弹出的下拉列表中选择【聊天记录】选项，即可进入【聊天记录】界面。

❹ 单击右下角的 🗑 按钮，在弹出的列表中选择【删除全部消息】选项，即可删除与该好友的聊天记录。

8.7.2 添加或更改 QQ 签名

让 QQ 的签名随你的心情而动!

第 9 章

拍照片

每一张照片都是一个故事，是时间的痕迹，它记录下了瞬间的记忆。
关注生活，留意瞬间，拿起 iPhone 4S 拍下关于你自己的故事吧！

精彩瞬间，即拍即享

9.1 走！拍照去

众所周知，iPhone 4S 具有出色的拍摄能力。无论是拍摄自然风景、人物小品、街头夜景、疯狂自拍，还是动态视频，iPhone 4S 基本都能满足。

9.1.1 便捷拍照

使用 iPhone 4S 的即时拍摄功能，在锁屏状态下就能随时拍摄精彩瞬间，避免了解锁屏幕、单击主屏幕的【相机】图标等一系列的繁琐操作。

❶ 双击【Home】键

❷ 单击【拍照】图标

提示

HDR 即 High Dynamic Range（高动态范围）。开启该功能后，iPhone 4S 在拍照时，实际上会连拍三张照片，分别对应曝光不足、正常曝光和曝光过度，再合成为一幅照片，提升暗部和亮部的细节表现。

闪光灯和 HDR 不能同时打开。

推拉镜头并不是真正地调整焦距，拍摄时可以达到将景物变大的目的，但是景物的清晰度也会随之下降。

提示

用耳机听音乐的同时也可以快速拍照：锁屏状态下，双击【Home】键，在打开的界面中单击"拍照"图标 📷，锁定目标之后，按下线控的音量增大键，在对象不知不觉中就拍摄成功了。

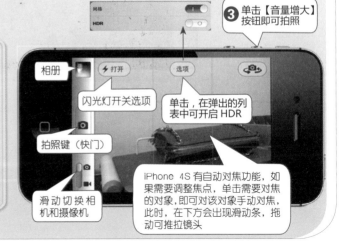

❸ 单击【音量增大】按钮即可拍照

相册

闪光灯开关选项

拍照键（快门）

滑动切换相机和摄像机

选项

单击，在弹出的列表中可开启 HDR

iPhone 4S 有自动对焦功能，如果需要调整焦点，单击需要对焦的对象，即可对该对象手动对焦，此时，在下方会出现滑动条，拖动可推拉镜头

9.1.2　手机拍摄技巧

掌握和使用一定的拍摄技巧，有助于我们拍摄出有质感的优秀作品来。举起你的 iPhone 4S，即兴拍摄，随时记录，捕捉美好的瞬间，一起感受全新的灵感创作的拍摄体验！

01　迎合光线

用 iPhone 4S 拍照时，选择适当的光线对于照片效果有极大影响，在正常光线下，尽量顺光拍摄，避免逆光拍摄。

闪光灯打开时，可以补充光线不足，但是有效距离短，更适合近距离拍摄，如人物小品特写。

闪光灯关闭时的拍摄效果　　　　　　　　闪光灯打开时的拍摄效果

02　保持手的稳定

拍照时，如果手拿不稳 iPhone 4S，就会导致拍摄出的照片模糊不清。

两手握稳 iPhone 4S 按下快门时屏住呼吸，按下快门后不要拿离 iPhone 4S，直至照片拍摄完成。

也可以双手握住 iPhone 4S，手指按住快门不要松开，待取景构图后，手指松开并微抬，保持平稳状态，直至拍摄好。

03 手机与对象平行

在拍摄时，注意手机与拍摄对象保持平行，这样可以防止拍摄对象发生变形。

04 掌握简单的构图方法

构图，就是如何安排画面，掌握简单的构图法则，对你拍摄出漂亮的照片有很大帮助。

"三等分法"（也称"黄金分割法"），将拍摄区域按横轴和竖轴分成三等份，拍摄的不同主体可以放置在对应相交叉的分割线上，这对于初学者绝对是拍出好照片的办法。

在拍摄人物时，人物主体放在等分线上，远处的山或阁楼等放在上等分线上。

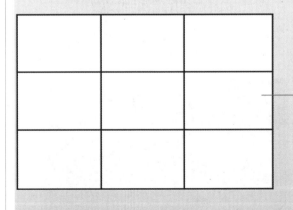 

05 擅用辅助软件

擅用摄影软件拍摄照片，也能为照片增色，例如，黑白效果、Lomo 风格、影楼效果，都可以通过软件实现。

9.1.3 欣赏拍摄的照片

放下旅行的包裹，疲惫地坐在沙发上，此时，最大的乐趣莫过于欣赏今天拍摄的照片，它像一串串音符，带我们再次感受旅途的快乐滋味。

【相机胶卷】中存放所有拍摄的照片、屏幕截图以及通过网页等其他途径在 iPhone 4S 中直接保存的图片

【照片图库】中存放所有从电脑同步至 iPhone 4S 的图片或照片

显示同步进来的照片所在的文件夹，文件名和电脑中的照片文件夹保持一致

❶ 在 iPhone 4S 主屏幕上单击【照片】图标。

❷ 在打开的界面底部单击【相簿】选项，然后单击【相机胶卷】选项。

❸ 打开【相机胶卷】界面，单击要查看的照片缩略图。

❹ 欣赏照片时手指在屏幕上向左（右）滑动，即可欣赏到下（上）一张照片。

查看横拍或竖拍的照片时，如果发现照片不能充满全屏，可以旋转 iPhone 4S，以使照片全屏显示。

9.1.4 编辑照片

iPhone 4S 具有照片编辑功能，不需要再借助其他照片编辑软件，在 iPhone 4S 上就可以简单修改照片，如裁剪、旋转照片及增强照片的整体效果，甚至还可以消除红眼。

❶ 在 iPhone 4S 主屏幕上单击【照片】图标。

❷ 在打开的界面底部单击【相簿】选项，然后单击【相机胶卷】选项，在【相机胶卷】界面单击要编辑的照片缩略图，在照片浏览界面右上方单击【编辑】按钮。

❸ 在【编辑】界面下方有 4 个功能按钮，分别是"旋转"按钮、"自动改善"按钮、"消除红眼"按钮和"裁剪"按钮，单击"裁剪"按钮。

❹ 在打开的界面即可通过拖动四角处的手柄调整裁剪的范围，完成后单击【裁剪】按钮。

单击【限制】按钮，可在弹出的对话框中为照片选择固定的裁剪比例

❺ 返回至【编辑照片】界面，单击【存储】按钮，即可完成对照片的编辑。

9.2 分享拍摄成果

莫让记忆独自欢。与其独自欣赏照片，不如分享瞬间的记忆，彼此更快乐！不管是远处的朋友，还是身边的家人，一起传递精彩时刻，分享快乐时光吧！

9.2.1 照片流，照片即拍即享

照片流即将用户照片库中的图片上传至 iCloud 云服务器，然后登录相同 Apple ID 的其他苹果设备就可以及时从 iCloud 云服务中自动下载新获得的照片，比如在街上用 iPhone 4S 拍到了有趣的图片，回家就能在 MAC 或者 New iPad 上即时看到相同的照片了。

01 如何开启照片流功能

开启照片流的步骤相当简单，仅需几步即可完成。

❶ 依次单击【设置】➤【iCloud】项，在 iCloud 界面中单击【照片流】选项，然后单击 按钮，开启照片流功能。

❷ 开启成功后，即可在照片程序中看到【照片流】相簿，然后在 iOS 设备中拍摄下来的照片都将自动通过 iCloud 照片流添加到该相簿中。

提示

上传到照片流的照片，会在 iOS 设备中保存最近 30 天的 1000 张照片，以便在设备中永久保存。

02 将照片流的照片保存到本地相簿

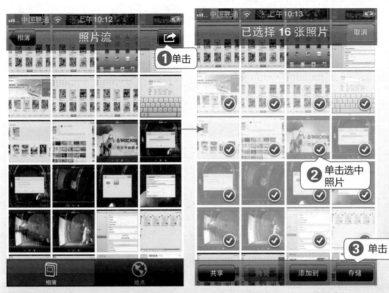

❶ 在主屏幕上单击【照片】图标。在【照片】界面单击【照片流】相册选项。单击右上角的 图标按钮。

❷ 选择要存储到 iPhone 4S 相簿的照片，这时被选中的照片上显示 ✅ 图标。

❸ 单击【存储】按钮即可将选中的照片存储到【相机胶卷】相册中。

9.2.2 将照片发给异国的朋友

和朋友相隔千山万水，但是又想与他们相互分享当前的生活，就可以考虑使用电子邮件在 iPhone 4S 中接收或发送照片。

01 发送照片

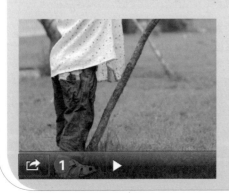

❶ 在主屏幕上单击【照片】图标。在【相簿】界面中单击打开要发送的照片，然后单击左下角的 图标。

❸ 添加收件人和主题

❷ 选择【用电子邮件发送照片】选项。

❸ 添加收件人和主题。

❹ 单击【发送】按钮，在弹出的对话框中选择图像的压缩尺寸，即可将照片发送给好友。

02 接收照片

❶ 在主屏幕上单击【Mail】图标按钮后打开邮箱。

❷ 在列表中单击打开朋友的邮件，即可浏览发来的照片。

提示

登录和使用邮箱的方法参见 10.2.1 小节。

③ 用手指按住图片 2 秒左右弹出选择列表，此时将手松开。

④ 选择【存储图像】选项，即可将照片保存到相簿中。

9.3 手机照片另类玩法

在拍摄照片后，我们虽然会去尝试各种常见的照片玩法，但是更期待和追求玩出新鲜，玩出花样，让照片炫出不一样的风格，展现不一样的个性，那么，就从这里触动全新体验吧！

9.3.1 搞怪照片乐翻天

我们上网聊天看微博，看到有趣搞怪的照片，不禁一笑。其实，我们用 iPhone 4S 也能轻松制作搞怪照片，晒晒自己的搞笑创意，幽朋友一默。

① 下载并安装 "Fun Camera(搞笑相机)"，单击该图标进入软件主界面。

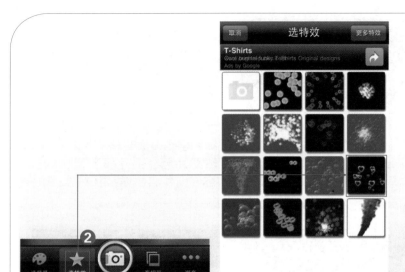

② 单击【选特效】按钮，即可在打开的【选特效】界面中单击一种特效。

单击此项可以拍摄当前实景作为背景

③ 此时会返回软件主界面，在底部单击【选背景】按钮，在打开的【选背景】界面中单击【我的相册】选项，在打开的相册中单击一张图片作为背景。

④ 返回到软件主界面，即可看到添加背景和特效后的效果，单击底部的"拍照"按钮 。

❺ 此时会进入【分享】界面，根据需要选择分享的途径，这里直接单击左上方的【后退】按钮。

❻ 返回到软件主界面，在底部单击【看相册】按钮，即可看到刚刚拍摄的图片效果（此时图片已经保存在了 iPhone 4S 的【相机胶卷】中）。

9.3.2 SHOW 出个性照片墙

精美背景，自由排列，照片墙成为记忆故事最完美的表达。释放思想的空间，秀出个性，畅享照片新自由。

❶ 在 iPhone 4S 中下载并安装 "Photo Mess"，然后单击该软件图标进入界面。

❷ 单击软件主界面底部的【选择】按钮 ➕。

❸ 在【选择】界面单击【library】
（相册）选项。

❹ 选择相册后单击照片，再单
击【完成】按钮。

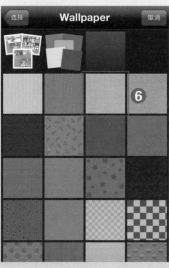

❺ 拖曳照片
调整位置

❺ 返回软件主界面，看到所选
的照片，拖曳照片可以调整照
片的位置。

❻ 在主界面底部单击【选择】
按钮➕，在打开的【选择】
界面中单击【background】
（背景）选项，在打开的
【Wallpaper】界面中单击一
种背景图片。

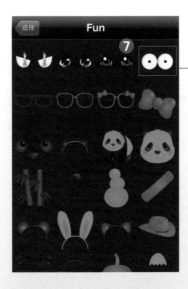

❼ 在主界面底部单击【选择】按钮➕，在打开的【选择】界面中单击【fun】选项，在打开的【Fun】界面中单击一种趣味元素，返回到主界面，即可看到更换的壁纸和添加的趣味元素的效果。

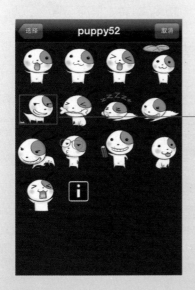

❽ 在主界面底部单击【选择】按钮➕，在打开的【选择】界面中单击【puppy52】（小狗）选项，在打开的【puppy52】界面中单击选择小狗图片，返回到主界面，即可看到添加后的效果。根据需要，还可以调整各元素的位置。

❾ 在主界面底部单击【选择】
按钮➕，在打开的【选择】界
面中单击【save】（保存）选项，
此时返回到主界面，会自动弹
出对话框提示已经保存图片到
图库，单击【好】按钮即可。

在 iPhone 4S 主屏幕上单
击【照片】图标。在打开的界面
底部单击【相簿】选项，然后单
击【相机胶卷】选项，即可打开
并查看制作好的图片。

9.4 我的百宝箱

9.4.1 查看照片的拍摄地点

如果你喜欢旅游，刚好你的相机又有定位服务的话，那么 iPhone 4S 带你穿梭过去，让你回忆同一个地方不同时刻的喜怒哀乐。

> **提示**
>
> 　　只有相簿中的照片存在被定位的照片时，才会显示地点按钮。
> 　　地图中的图钉按钮表示在此位置拍过照片。
> 　　iPhone 4S 需要联网才能下载并显示地图。

❶ 在主屏幕上单击【照片】图标按钮。

❷ 进入地图界面中

❷ 单击【地点】选项。

❸ 在地图中单击图钉。

④ 单击照片缩略图右侧的 ⊙ 图标，即可看到在同一地方拍摄的所有照片。

9.4.2 创建相册

面对 iPhone 4S 中存放杂乱的照片，查看时是否会觉得无从下手呢？其实在 iPhone 4S 中，我们可以创建自己的相簿，将照片分类放置在新建的相簿中。

❶ 在主屏幕上单击【照片】图标按钮，进入【相簿】界面后单击右上角的【编辑】按钮。

❷ 在编辑界面即可添加或删除相簿，若需要添加相簿，可以单击左上角的【添加】按钮。

新建的相册，此时没有照片，显示为空

❸ 此时会弹出【新建相簿】窗口，在其中输入相簿的名称，完成后单击【存储】按钮。

❹ 此时会返回至【相簿】界面，发现已经建好了一个新的相册，此时新建的相册没有照片，单击有照片的相册。

单击要移动到新相册的照片❺

新建的相册中已经存放了7张刚刚选择的照片

❺ 在打开的相册中选择并单击要移动到新相册的照片。

❻ 选择后单击【完成】按钮。

❼ 此时会返回到【相簿】界面，即可发现新建的相册中已经存放了7张刚刚选择的照片。

9.4.3 在音乐中翻看相册

春天的午后，坐在太阳下，喝着香醇的咖啡，看着 iPhone 4S 中自动播放的照片，追忆似水年华，这是何等的惬意！如果此时再伴随着或悠扬，或活泼，又或怀旧的音乐，那真的让人无限向往！

❶ 在查看照片的界面底部单击▶按钮。

❷ 打开【幻灯片显示选项】界面，单击【播放音乐】按钮启动【播放音乐】功能。

❸ 单击【音乐】选项，即可在打开的【歌曲】界面中单击背景音乐。

❹ 此时会自动返回到【幻灯片显示选项】界面，单击【开始播放幻灯片显示】按钮，即可开始在播放音乐的同时播放照片。

第 10 章

移动办公

现代化办公需要灵活、机动、多变的工作方式，用 iPhone 4S 办公可以大大提高我们的工作效率和节奏。

随时随地，高效办公

10.1 轻松管理名片

频繁的应酬后，面对如雪片般多、乱的名片，你是否开始感到应接不暇？

别着急，把 iPhone 4S 派上用场吧，有了这位小秘书，你的工作和生活会越来越有条理！

① 在 iPhone 4S 中下载安装 "名片全能王免费版" 软件，然后在主屏幕中单击【名片全能王】图标。

左右拖动滑块，可更改模式，从左至右3个模式分别为单张模式、批处理模式和QRCode模式

② 进入软件主界面，单击【拍摄名片】按钮。

③ 开始拍摄名片，放置好名片和 iPhone 4S 的相对位置，在【批处理】模式下单击【拍摄】按钮 ⓞ 即可完成当前名片的拍摄。

右上方的数字代表了已经拍摄的名片的数量

④ 继续拍摄其他名片，完成后单击【完成】按钮。

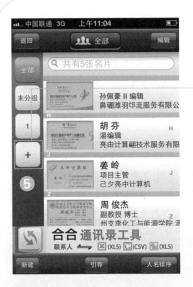

⑤ 进入名片夹，默认会显示全部的名片，如果需要将名片分类放置，可以单击左侧的 + 按钮，在弹出的对话框中输入新建分类的名称，完成后单击【好】按钮。

⑥ 在名片夹右上方单击【编辑】按钮，然后选中要添加到新建组的名片，手指按住任意一个被选的名片不松手，出现图标时将所选名片拖曳到左边新建的组（这里为【同事】组）上。

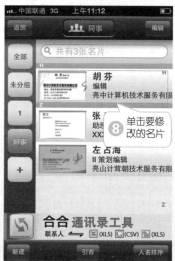

⑦ 此时即可将所选名片添加到同一个分组中，单击【完成】按钮。

⑧ 如果软件识别的名片信息有误，还可以手动更改，单击要重新编辑的名片。

⑨ 打开个人名片，单击右下方的【修改】按钮，即可在打开的【编辑名片】界面，修改名片的保存位置和个人信息，具体的操作方法这里就不再赘述。

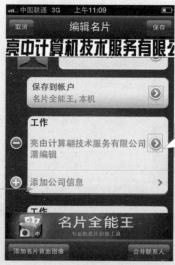

保存到帐户
名片全能王, 本机

在【编辑名片】
界面的【保存
到帐户】栏内单
击 ⊙ 按钮

选中【本机】

打开通讯录, 即可看到
已经将名片中的联系
人信息保存到iPhone
4S通讯录, 从而避免了
手动输入名片的麻烦

10.2 沟通无限

　　没有时间的限制, 没有地域的分隔, 无论是千山万水还是天涯海角, iPhone 4S 都可以快速帮助我们传送讯息!

10.2.1 及时查收新邮件

　　电子邮件已经是人与人之间联系时最常用的媒介, 当你在等待一封重要邮件, 而身边又苦无电脑时, 一定很着急吧?其实, 只要有了 iPhone 4S, 你就能及时查收新邮件。

01 配置账号

1 在主屏幕上单击【设置】图标按钮。

② 在【设置】界面中单击【邮件、通讯录、日历】选项。

③ 单击【添加帐户...】选项。

④ 单击一种账号类型，这里单击【163 网易免费邮箱】项。

⑤ 输入名称、地址和密码。

⑥ 单击【下一步】按钮。

7 在打开的界面中开启【邮件】功能后，单击【存储】按钮即可返回到【邮件、通讯录、日历】界面中，看到 163 邮箱账号配置成功。

提示

　　iPhone 4S 的 Mail 可以搭配 MobileMe、Microsoft Exchange 和大部分常用的电子邮件系统，以及其他标准的 POP3 和 IMAP 电子邮件系统一起使用。

02 登录邮箱

1 单击要登录的邮箱类型。

2 在邮箱账户下保证【邮件】功能处于开启状态。单击【邮件】按钮即可返回【邮件、通讯录、日历】界面，看到所选的账号已经开通了邮件功能。

03 设置默认邮箱

1 在【邮件，通讯录，日历】界面的【邮件】列表下单击【默认帐户】选项。

2 在打开的界面中选择邮箱默认打开的账户。

3 完成后单击【邮件】按钮可返回上一个界面。

04 接收邮件

有此标志代表该邮件为未读邮件

如果邮件包含附件的话，单击附件图标，可查看附件信息

1 在主屏幕上单击【Mail】图标按钮。

2 在打开的【邮箱】界面中选择要查看的邮箱账户，进入后在打开的邮件列表中单击邮件，即可浏览邮件信息。

05 发送邮件

① 单击右下方的 ✎ 按钮，进入写信界面。

② 单击【收件人】一栏，添加联系人。

③ 输入主题和内容。

④ 单击【发送】按钮即可。

如果需要对多个朋友发送相同的邮件内容，可以选择群发的方式。群发邮件时只需要在发送邮件时选择添加多个收件人即可。

单击【收件人】一栏，在右侧出现 ⊕ 按钮。单击 ⊕ 按钮，弹出【所有联系人】界面，重复选择多个收件人即可。

10.2.2 客户/朋友生日，提前发送祝福短信

客户或亲友过生日，繁忙如你，如果仍然能体贴地提前发送一则祝福短信，相信对方一定能够感受到你的真诚和关心。

01 在 iPhone 4S 通讯录中添加生日备忘录

❶ 在 iPhone 4S 主屏幕中单击【电话】图标，在打开的界面底部单击【通讯录】选项，即可在联系人列表中单击要添加生日信息的重要客户或者亲友。

❷ 在打开的【简介】界面显示所选联系人的详细信息，单击右上角的【编辑】按钮。

❸ 单击【添加字段】选项。

❹ 在【添加字段】界面中单击【生日】项。

⑤ 返回到【简介】的编辑界面，通过拨动下方的工具设定联系人的生日。

⑥ 设置完成后单击【完成】按钮，此时返回至【简介】的浏览界面，即看到添加的生日信息。

02 及时提醒客户 / 朋友的生日

① 将 App Store 中的 "祝福短信 - 生日提醒＆节日短信群发" 软件下载安装至 iPhone 4S，然后再在 iPhone 4S 主屏幕中单击【祝福短信群发】图标。

② 在打开的软件主界面底部单击【设置】选项，如果需要设置提醒的时间，可以在打开的【设置】选项卡下单击【提醒时间】选项。

③ 在打开的【提醒时间】界面中单击每天提醒的时间，完成后单击【确定】按钮。

④ 返回到上一级界面，看到已经修改了提醒时间，单击【从通讯录导入生日】选项。

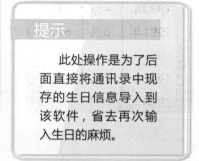

提示

此处操作是为了后面直接将通讯录中现存的生日信息导入到该软件，省去再次输入生日的麻烦。

⑤ 在弹出的【从通讯录添加生日】对话框中单击【快速导入】按钮。

⑥ 导入后会弹出对话框，显示成功导入了几位联系人的生日，确认无误后单击【关闭】按钮。

❼ 返回到上一级界面，单击界面底部的【提醒】选项，即可看到已经显示出了最近过生日的联系人。

每天到设定的提醒时间，即可自动提示你最近会有哪些人过生日

提示

使用此软件除了可以提醒用户发送生日短信，还可以提醒发送节日、纪念日等短信，具体方法和提醒生日短信类似，这里就不再赘述了。

03　快速发送生日短信

看到这些生日提醒，还等什么，赶紧使用"祝福短信 - 生日提醒 & 节日短信群发"软件给这些寿星发送短信吧！

❶ 打开"祝福短信 - 生日提醒 & 节日短信群发"软件主界面，单击界面底部的【提醒】选项，单击需要发送祝福短信的提醒事项。

❷ 打开【送祝福】界面，选择一条合适的短信内容后直接单击该内容。

❸ 此时会直接跳转到【新信息】界面，看到已经设定好的收件人和短信内容，确认无误后直接单击【发送】按钮，即可方便快速地给寿星发送生日祝福。

❸ 不用编辑内容，不用选择联系人，直接单击【发送】按钮即可将祝福发送给寿星

10.3 事项提醒

使用 iPhone 4S 的【提醒事项】功能，可以管理你的日常生活和工作中的待办事项，让你及时处理重要的事项。

已经添加的提醒事项

❶ 在 iPhone 4S 主屏幕中单击【提醒事项】图标。

❷ 单击【列表】按钮，即可将已有的提醒事项以列表的形式显示出来，如果要添加新的提醒事项，则在打开的界面中单击"添加"按钮 + 。

提醒事项 ❶

❸ 此时会弹出虚拟键盘,输入新的提醒事项名称,然后单击【完成】按钮,返回主界面即可看到新添加的事项名。

新添加的提醒事项

❹ 单击新添加的提醒事项。

❺ 进入【详细信息】界面,单击【提醒我】选项。

❻ 进入【提醒我】界面,开启【日期提醒】功能。

若开启【位置提醒】功能,则需要在【设置】中开启【定位服务】和下面的【提醒事项】功能,开启后会在离开或达到某个地点后做出提醒

❼ 此时在【日期提醒】项下方会显示一行日期时间，单击该日期时间，即可在下方弹出时间设置工具，设置提醒的日期和时间，完成后单击【完成】按钮。

❽ 返回至【详细信息】界面，在【提醒我】右侧会显示所设置的提醒时间，确认无误后单击【完成】按钮。

❾ 返回至主界面的【列表】选项卡下，可以看到所添加的所有提醒事项，到提醒的时间时，iPhone 4S 会显示【提醒事项】对话框，单击【显示】按钮，会打开【提醒事项】主界面，看到提醒的内容。

10.4 用备忘录记事

把 iPhone 4S 当成你的贴身小秘书，一切事情交给它记录。

① 单击【备忘录】图标。

② 在备忘录页面显示已有的备忘内容，单击 + 按钮。

③ 在新的页面中输入备忘事件，iPhone 4S 会自动将第 1 行内容作为标题显示在左侧列表中。

④ 如果要修改内容，在"备忘录"页面中选择标题，在进入的备忘录的正文页面中直接修改内容，然后单击【完成】按钮即可。

⑤ 单击要删除的备忘事件，然后单击底部的 按钮。

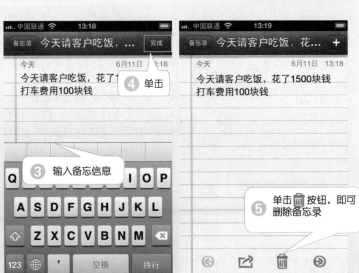

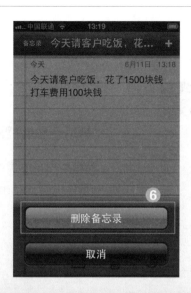

6 此时在下方会弹出对话框，单击【删除备忘录】按钮，即可删除当前的备忘录内容。

10.5 出差没带电脑怎么办

使用电脑查看和编辑文档受到时间和地点的制约，出现紧急情况时，公司领导需要你马上浏览一份方案并作出修改，而你又恰巧出差在外，此时如果你身边有部 iPhone 4S，那么就万事大吉了！

1 在 iPhone 4S 的主屏幕中单击【Mail】图标，登录邮箱后单击打开重要的邮件，即可阅读工作相关内容。

2 在邮件下方查看附件，这里有 4 个重要文档需要立即处理，单击这些文档即可打开并浏览具体内容。

打开并查看
Excel表格

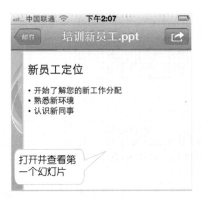

打开并查看第
一个幻灯片

新工作

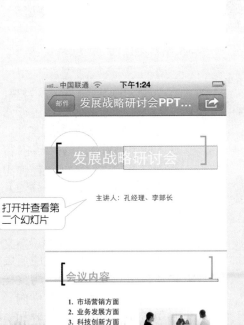

打开并查看第
二个幻灯片

打开并查看
Word文档

❸ 如果需要修改文档，如这里需要修改 Word 文档，打开该文档后单击右上方的 ⬆ 按钮，在弹出的对话框中选择打开方式，这里单击【打开方式】按钮。

❹ 在弹出的对话框中选择用哪个软件打开文档，这里单击【DocsToGo】按钮。

提示

目前能安装在 iPhone 4S 中的办公软件有很多，最受欢迎的有 Office 办公助手、iWork 套件和 DocsToGo 等，用户可根据自己的喜好和工作性质去选择适合自己的软件。

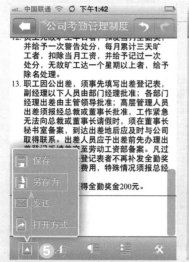

❺ 此时即可用所选的软件打开文档，为了方便对文档进行修改，需要先将文档另存到本地，在【DocsToGo】的文档内容界面底部单击 ⬆ 按钮，在弹出的快捷菜单中单击【另存为】选项。

❻ 在【另存为】界面中设置文件名称和保存位置，完成后单击【存储】按钮，即可将文档保存到手机上的当前软件内，并同时返回到文档内容界面，单击该界面左上角的 ⬅ 按钮。

⑦ 进入【Documents】界面，单击需要修改的文档，即可进入并修改文档，具体修改的方法这里就不再赘述了。修改后在文档内容界面底部单击 ▲ 按钮，在弹出的快捷菜单中单击【保存】选项，即可保存对文档的修改。

⑧ 如果需要将文档发送给他人，需要在文档内容界面底部单击 ▲ 按钮，在弹出的快捷菜单中单击【发送】选项，即可在弹出的界面中输入收件人邮箱地址和邮件的主题，完成后单击【发送】按钮，即可将文档成功发送出去。

10.6 我的百宝箱

在备忘录中快速打开网页

　　在备忘录中记录下网址后，要再次打开网站时还要复制网址，太麻烦，这里教你如何在备忘录中快速打开网页！

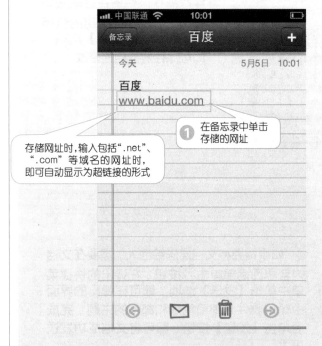

存储网址时，输入包括".net"、".com"等域名的网址时，即可自动显示为超链接的形式

❶ 在备忘录中单击存储的网址

❷ 打开网页

第 11 章

生活助手

　　iPhone 4S 不仅是一部电话，也是你衣、食、住、行的小帮手！下面通过本章，我们来了解一下在日常生活中 iPhone 4S 还可以帮助我们做什么吧。

掌上查询，咨询随身

11.1 衣——教你穿衣

衣服越来越多，你是否都忘记了自己有哪些漂亮的衣服呢。每天出席不同的场合，工作和交际等，你是否经常为了如何搭配衣服而烦恼呢？让 iPhone 4S 帮你管理你的衣橱，并提前制定每天的搭配方案吧！

01 管理衣橱

❶ 下载并安装"我的衣橱"软件后，单击主屏幕上的【我的衣橱】图标。

❷ 在软件首界面上单击【点击衣橱进入】按钮。

❸ 进入软件主界面，在底部单击■按钮，进入【我的衣橱】界面，在其中单击一种衣橱分类，这里单击【服装】图标。

❹ 进入【服装】界面，在该界面中单击右上方的■按钮，即可在弹出的界面中根据提示添加自己的衣服图片（具体操作读者可自行尝试，这里就不再赘述）。

已经添加自己有的衣服图片至【服饰】界面，以后再购置新衣时，可别忘了将其添加到这个模拟衣橱哦！

02 搭配衣装

❶ 在底部单击 按钮，即可进入【搭配间】界面，在其中可以开始搭配衣服配饰，如单击右上方的 按钮。

❷ 在弹出的对话框中单击【自定义搭配】按钮。

❸ 在打开的界面中单击底部的 按钮，根据提示在模拟衣橱中选择衣服和配饰，完成后返回到【我的搭配】界面，调整各衣饰的位置和层次，完成后单击【下一步】按钮，然后单击【保存】按钮。此时返回到【搭配间】界面，看到搭配好的图片缩略图。

03 制定某天的搭配方案

❶ 在底部单击 按钮，即可进入【搭配日历】界面，在其中单击某个日期为该天选择服装搭配。

❷ 在弹出的对话框中单击【添加搭配】按钮。

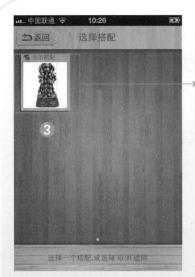

❸ 在【选择搭配】界面单击已有的搭配。返回到搭配日历界面，显示所选的日期当天的服装搭配。

在主界面中单击 按钮，进入【衣橱统计】界面可看到衣橱的类别和已有数量。单击 按钮，在【更多】界面可进行男女版本切换、更换主题和设置软件等操作。

11.2 食——各地美食一网打尽

在外旅行，岂能不好好地享受一下当地美食，先看看都有什么好吃的吧！

软件名称：小小美食家（Dishfinders）
运行环境：iOS 3.0 或更高版本

下载并安装小小美食家软件之后，在主屏幕上单击【Explore】图标将其打开。此时，就可以根据图上大头针的位置查看美食信息。

提示

打开小小美食家软件时会提示使用你的当前位置，单击【好】按钮即可。

11.3 住——在哪个酒店落脚

软件名称：拉手酒店预订
运行环境：iOS 3.0 或更高版本

提示

单击【高级查询】，可以输入关键字、所属区域、酒店星级查询酒店。

❶ 下载并安装【拉手酒店预订】应用软件后，单击桌面上的【拉手酒店预订】图标。

❷ 在【查询酒店】界面选择目的地、入住日期、离开日期和价格范围信息。

❸ 单击【搜索】按钮，即可查询酒店信息。

❹ 根据地图中显示的信息，选择要居住的路段、价格。

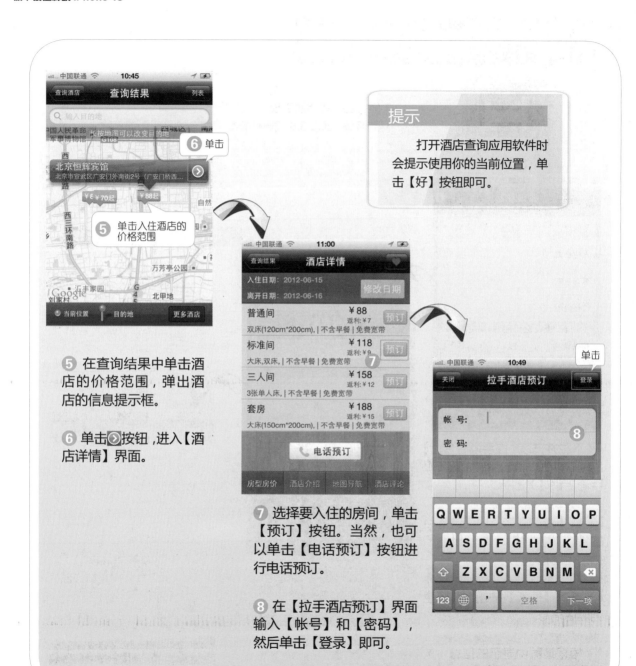

提示

　　打开酒店查询应用软件时会提示使用你的当前位置，单击【好】按钮即可。

　　⑤ 在查询结果中单击酒店的价格范围，弹出酒店的信息提示框。

　　⑥ 单击⊙按钮，进入【酒店详情】界面。

　　⑦ 选择要入住的房间，单击【预订】按钮。当然，也可以单击【电话预订】按钮进行电话预订。

　　⑧ 在【拉手酒店预订】界面输入【帐号】和【密码】，然后单击【登录】即可。

11.4 行——旅游指南

11.4.1 人气旅游网站推荐

旅行达人必知的网站信息。

旅游网	特色服务
携程旅行网：www.ctrip.com	中国领先的在线旅行服务公司，提供集酒店预订、机票预订、度假预订、商旅管理、特惠商户及旅游资讯在内的全方位旅行服务
途牛旅游网：www.tuniu.com	中国最专业的全面的旅游线路和自助游一站式旅游服务提供商，提供周边游、国内游、出境游以及自助游、公司旅游、景区门票等一系列产品的一站式预订，一对一管家式服务
同程网：www.17u.cn	提供丰富的以目的地为中心的旅游攻略、旅游资讯、旅游博客、旅游社区等全面的旅游出行信息，并提供酒店、机票、景点门票、演出门票等
去哪儿：www.qunar.com	提供国内外机票、酒店、度假和签证服务的深度搜索，帮助中国旅游者做出更好的旅行选择
搜旅团：t.soulv.com	通过团购的方式向消费者推荐高折扣的本地精品旅游服务

11.4.2 指南针 + 地图 + 天气

地图、天气、指南针——旅行必备的出行工具。有了这 3 个出行助手，你无论走到哪里，都不会迷失方向。

❶ 单击主屏幕上的【地图】图标按钮。

❷ 在打开的地图中定位到 iPhone 4S 当前所在的地方，单击圆球可以显示详细的位置信息。

③ 单击【搜索】按钮。

④ 在输入框中输入搜索名称，如"丽江"，搜索目的地。

⑤ 单击【路线】按钮，可以查看当前位置到搜索目的地的路线信息。

提示

单击【路线】按钮后，可以任意输入起点和终点位置，查询详细的路线信息。

11.4.3 手机导航

在 iPhone 4S 上安装导航软件，你可以轻松地知道当前你所在的具体位置以及前往目的地的最佳路线。可以在手机上安装高德导航、凯立德导航以及图吧导航等软件。下面以高德导航为例介绍如何使用 iPhone 4S 导航。

高德导航软件在导航过程中不但有模拟导航、语音提示，还可以用来快速了解周边的环境，找到特定的场所，并且可使用离线地图，不需要网络。

01 车载导航

开车出去旅游或者外出办公时，将 iPhone 4S 作为导航仪，让你时刻了解你在哪里。
iPhone 4S 是车载导航仪常用的硬件设备。

硬件设备	作用
极效车充	可以为手机充电
车载支架	可以牢牢地吸在挡风玻璃上，卡槽设有加强海绵软垫，防滑、防震效果好
飞控触摸笔	防氧化金属材料，持久耐用，可提供舒适的操作手感；软质的橡胶笔头，精确的触控，也可在任何角度轻松地输入资料，满足你高要求的文字输入

❶ 下载并安装【高德导航】软件后，单击主屏幕上的【高德导航】图标。

❷ 在【警告】界面中单击【接收】按钮，即可进入地图界面，它将会自动定位并伴有语音提示。

❸ 单击【快搜】按钮。

④ 在搜索框中输入想要去的地址，然后单击【搜索】按钮。

提示

　　不要吝啬流量，想要快速定位，需要开启 iPhone 4S 的网络，否则如果你身边正好高楼林立，则需要等待很久才能实现 GPS 定位。

⑤ 搜索后根据提示选择正确的地址，然后在地图中将显示目的地。

6 单击【设终点】按钮，在弹出的提示中单击【终点】按钮。

7 进入【全程概览】界面，可以查看整条路线。

8 单击【开始导航】按钮，即可开始为您导航，此时可以听到向左转、向右转等语音导航信息。

> **提示**
>
> 　　单击导航界面底部的【目的地】按钮后，可以设置并选择【回家】或【回公司】的常用目的地地址，导航更方便。

02　快速找到周边场所

　　饿了，想吃饭，去哪儿？累了，想休息，去哪儿？车没油了，要加油，去哪儿……经常外出的朋友是不是曾有过这样那样的情况，别怕，高德导航与你一起寻找需要的周边场所。

❶ 在主界面上单击【高德导航】软件图标，打开【高德导航】软件。

❷ 单击主界面下方的【周边】选项。

❷ 单击

❸ 在【周边查询】列表中单击要了解的类别信息，这里单击【加油站 & 停车场】。

❹ 如果想前往加油站，可在【加油站 & 停车场】列表中单击【所有加油站】。

❺ 在所有加油站列表信息中单击加油站，这里选择【加油站（农业路）】。

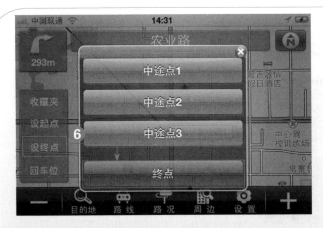

⑥ 单击【设终点】按钮，在弹出的提示中单击【终点】按钮。设为终点后即可进入全程概览界面中，单击【开始导航】按钮即可开始导航。

11.4.4 查询并定购机票

航班管家为你打造快捷生活，及时了解航班信息，让你随时订购随时飞，旅途不延误。

① 在 iPhone 4S 中下载并安装【航班管家】，在主屏幕上单击【航班管家】图标。

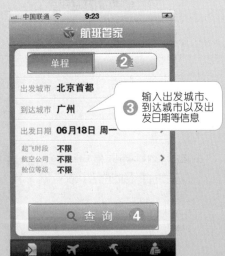

② 单击【单程】（或【往返】）按钮。

③ 输入出发城市和到达城市名称以及出发日期。

④ 单击【查询】按钮。

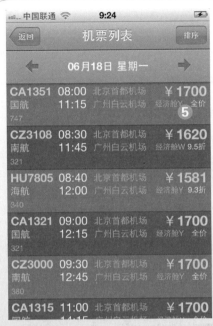

⑤ 滑动手指浏览出发当日的机票信息后，单击需要的航班信息。

⑥ 单击【电话订票】按钮，即可查看订票电话。

11.4.5 查询火车票信息

了解列车时刻表，合理安排你的出行时间，让你充分享受旅行的美好时光。

软件名称：全国列车时刻
运行环境：iOS 4.0 或更高版本

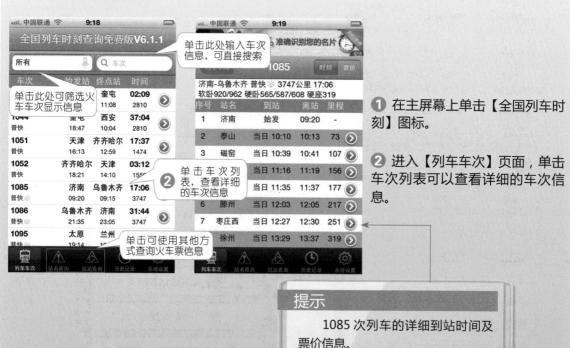

单击此处输入车次信息，可直接搜索

单击此处可筛选火车车次显示信息

单击车次列表，查看详细的车次信息

单击可使用其他方式查询火车票信息

❶ 在主屏幕上单击【全国列车时刻】图标。

❷ 进入【列车车次】页面，单击车次列表可以查看详细的车次信息。

提示

1085 次列车的详细到站时间及票价信息。

11.4.6 找到好玩的景点

找到好玩的景点,让你不费吹灰之力;拒绝做路痴,交通方式任你选!

软件名称：老虎地图
运行环境：iOS 3.2 或更高版本

1 下载并安装老虎地图软件后,单击主屏幕上的【老虎地图】图标。

2 在【老虎地图】主页界面,单击【旅游】选项。

3 在打开的【结果列表】界面,列出了附近好玩的景点,单击选择要去的旅游景点。

提示

在【结果列表】界面,单击【地图】按钮,可在打开的【结果地图】界面查看附近分布的旅游景点情况。

④ 在打开的【详情信息】界面单击【到这里去】按钮。

⑤ 选择具体的交通方式，例如选择【驾车】方案，然后单击【查找】按钮。

⑥ 在打开的【驾车方案】界面可以查看详细的行车路线。

⑦ 单击【地图】按钮，查看从当前位置到旅游景点的路线图。

11.5 我的百宝箱

11.5.1 没有网络也能使用地图

离线地图，让你随时随地查看，是不是很方便呢？

软件名称：拉手离线地图
运行环境：iOS 3.0 或更高版本

❶ 下载并安装离线地图软件后，单击主屏幕上的【拉手离线地图】图标。

❷ 放大（缩小）地图，以便更好地搜索某个具体的位置。

下载离线地图包

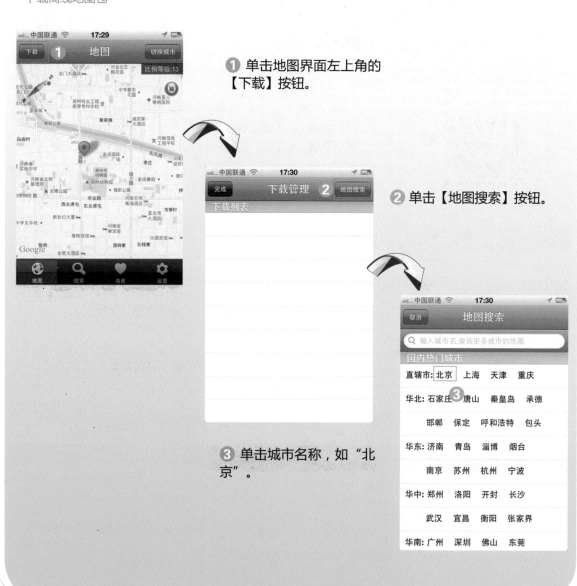

❶ 单击地图界面左上角的【下载】按钮。

❷ 单击【地图搜索】按钮。

❸ 单击城市名称，如"北京"。

④ 单击【开始下载】按钮。

⑤ 下载完成之后，单击【完成】按钮，返回到地图界面。

提示

首次下载地图时，需要下载基础地图。

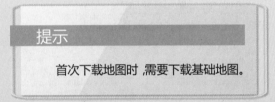

⑥ 单击【切换城市】按钮，在弹出的列表中单击【北京市】，即可打开北京市地图。

11.5.2 实现有效的定位

为了帮助大家找到合适的导航定位软件，这里先介绍几种定位的方式。

定位可分为基站定位和 GPS 定位两大类。

01 基站定位

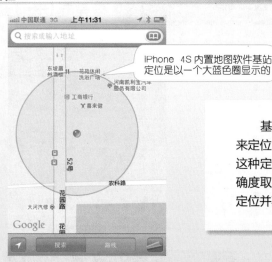

iPhone 4S 内置地图软件基站定位是以一个大蓝色圈显示的

基站定位是指通过最近的移动基站来定位，此时给出的位置是基站的位置，这种定位只能给出大概的定位信息，精确度取决于基站的覆盖范围，所以基站定位并不能用于导航。

02 GPS 定位

GPS 定位以一个蓝色的点或蓝色的小圈显示

GPS 定位通过卫星导航定位系统定位，可以显示精确的位置信息。

提示

在 iPhone 4S 的内置地图定位时，先显示基站定位，等完成 GPS 定位时再定位精确的位置。

根据对网络依赖性的不同，GPS 定位可以分为以下 3 种。

所用地图	和网络的关系	耗费网络流量	使用对象
网络地图	随着位置的变化，导航软件会通过网络接收并显示所在位置的地图	较大	iPhone 4S 中的 Motion X GPS
本地地图	通过 GPS 定位后，移动到哪里，直接从 iPhone 4S 的存储器中读取地图，不需要网络下载	无	普通的车载导航仪
本地地图	通过网络下载卫星图可缩短定位时间，定位后读取本地地图	较小	iPhone 4S 中的凯立德移动导航系统、高德导航软件

> **提示**
>
> GPS 的使用注意事项如下。
> 1. 在室外看到天空的地方才能更好地接收到卫星信号，在室内接收信号较差。
> 2. 使用 GPS 定位比较费电，请注意及时为手机充电。

11.5.3 校正指南针

用户使用指南针时，如果站在一些大点的金属或者磁性物体（如立体扬声器）附近，指南针界面就会出现一个"∞"字，提醒用户远离这些金属或者磁性物体，此时用户可按照"∞"字形移动 iPhone 4S，以消除磁场干扰。

第 12 章

教育孩子不求人

启蒙教育是事关宝宝能否赢在"起跑线"上的关键。iPhone 4S
在这方面也可助您一臂之力。

善用 iPhone 4S，让孩子赢在"起跑线"

12.1 婴幼儿教育软件导航

所有家长都希望自己的宝贝能够健康、快乐地成长。

经验不足或者工作太忙吗？

别担心，在 iPhone 4S 中安装些软件吧，把 iPhone 4S 打造成一名合格的启蒙教育专家。

婴幼儿教育软件	对象	特点
育儿百科	妈妈或准妈妈	指导育儿方法
儿童动物世界 iPhone	1 岁半以上儿童	有趣 新颖
儿童折纸 for iPhone	4 岁以上儿童	增强想象力
儿童益智游戏—eBo 丑小鸭	3 岁以上儿童	培养孩子观察力、创造力
儿童卡片	1～4 岁	识物 语言学习
儿童唐诗三百首	4 岁以上儿童	受欢迎 经典唐诗
（有声）童谣启蒙童谣 100 首	1～6 岁	容易上口
世界 5000 年［有声睡前故事］	3 岁以上儿童	内容丰富 宝宝喜欢

12.2 胎教推荐方案

所有的准父母都不希望自己的孩子输在"起跑线"上，那么，开始胎教吧！

健康饮食

软件名称：专家推荐的孕产妇营养食谱

软件类型：书籍

适用对象：整个孕期

使用说明：

其中的食谱由中国烹饪协会美食营养专业委员会推荐，具有科学的营养搭配方案。

温馨祝福：

愿每位准妈妈身体健康，希望天使般的宝宝从出生开始就有个结实的小身体。

软件名称：胎教音乐

软件类型：教育

适用对象：孕期 8 个月左右的孕妇

使用说明：

1. 每天使用 1 ~ 2 次，每次 15 ~ 20 分钟。

2. 选择在晚上临睡前，在胎儿觉醒有胎动时进行。

温馨祝福：

希望快乐天使的准妈妈天天都有好心情！

愉悦心情

12.3 0 ~ 6 个月推荐方案

初为人父母，在为宝贝的出生欣喜之余，年轻的你，是否因为油然而生的责任而感到手足无措呢？虚心地学习科学的育儿知识，精心呵护宝贝的成长吧！

科学育儿

软件名称：育儿百科

软件类型：参考

适用对象：妈妈、准妈妈

使用说明：

丰富多样的育儿方法，可以为初为人母的妈妈指点迷津。

温馨祝福：

希望宝贝在爸爸妈妈的精心呵护下健康成长。

软件名称：聪明宝宝摇篮曲

软件类型：生活

适用对象：0～6个月的宝贝

使用说明：

让宝宝和你在舒适的音乐中获得稳定而愉悦的心情。宝宝听了夜间不哭不闹。

温馨祝福：

希望辛苦了一天的爸爸妈妈们能睡得更安稳。

宝贝快睡

12.4 6个月～1岁推荐方案

6个月以后的宝贝开始有了一定的运动能力，能够独立地坐，自主地爬，看到有趣的事物会主动地接近，6个月～1岁是极其重要的探索期，爸爸妈妈们要更加努力，给宝贝接触周围世界的机会。

牙牙学语

软件名称：会说话的汤姆猫

软件类型：娱乐

适用对象：6个月～1岁的宝贝

使用说明：

让宝贝自己抚摸"汤姆猫"，体会触摸后的反应。宝贝和"汤姆猫"接触的时间不要超过10分钟。

温馨祝福：

希望宝贝在玩耍中产生与外界交流的满足感。

软件名称：婴儿喂养护理——开心宝宝

软件类型：医疗

适用对象：0 ～ 1 岁

使用说明：

宝宝生病或者身体不适，可以从这里寻找症状，妥善护理，全方位护理指导。让妈妈每一周都能跟宝宝玩得很开心。

温馨祝福：

关注宝宝健康，让宝宝健康、快乐成长。

健康医疗

12.5 1 ～ 3 岁推荐方案

1 ～ 3 岁是智力开发的黄金期，这个时期的宝贝有很强的求知欲和好奇心，家长需要尽量地丰富宝贝们的生活，充分激发他们的潜能。

开心音乐

软件名称：0 ～ 3 岁儿童歌谣

软件类型：教育

适用对象：0 ～ 3 岁的宝贝

使用说明：

里面的童谣很受宝贝们的欢迎，播放给宝贝听时，可以引导宝贝学习里面的歌曲。

温馨祝福：

希望能在宝贝幼小的心灵种下快乐的音乐种子。

软件名称：儿童动物世界 iPhone

软件类型：教育

适用对象：1 ~ 3 岁的宝贝

使用说明：

采用新颖的学习方式，使宝贝可以轻松地了解不同动物的特点。

温馨祝福：

希望宝贝既快乐又聪明。

轻松学习

12.6 3 ~ 4 岁推荐方案

3 ~ 4 岁的宝贝具有非常丰富的想象力，聪明的家长会让这个年龄段的宝贝多接触不同的事物和语言。

开心学英语

软件名称：经典英文儿歌 LD Free

软件类型：教育

适用对象：3 岁以上的宝贝

使用说明：

播放给宝贝听吧，吸引人的图案和好听的歌曲会让宝贝在欢畅中踏进英语的王国。

温馨祝福：

希望宝贝能够早早地表现出语言天赋。

尽情玩涂鸦

软件名称：3D Coloring Book for Kids ：World.

软件类型：游戏

适用对象：3 岁以上的宝贝

使用说明：

让宝贝涂鸦有立体感的图画，将想象变为现实。

温馨祝福：

希望每位宝贝永远拥有丰富的想象力与创造力。

12.7　4 ～ 6 岁推荐方案

4 ～ 6 岁的宝贝开始对文字产生浓厚的兴趣，父母要鼓励宝贝多多探索周围环境中的文字。

开心学汉字

软件名称：快乐学堂 - 幼儿识字卡片（有声）

软件类型：教育

适用对象：2 ～ 7 岁的宝贝

使用说明：

可以培养宝贝对汉字学习的兴趣，让孩子在快乐中学习，它更是爸爸妈妈亲子教育的辅助工具。

温馨祝福：

希望宝贝每天都能多认识一些汉字。

软件名称：童年折纸大全

软件类型：教育

适用对象：4 ~ 6 岁的宝贝

使用说明：

通过学习折纸可以增强想象力和好奇心，提高集中力和思考力。

温馨祝福：

希望宝贝都能拥有一双巧手。

轻松变巧手

12.8 关注孩子 6 岁以后的成长

6 岁的宝贝已经开始读小学一年级，对知识的渴望也越来越大，处于这个年龄的宝贝的父母需要时刻关注孩子的成长。

轻松学知识

软件名称：【育儿】少儿百科大全

软件类型：教育

适用对象：6 岁以后

使用说明：

内容翔实新颖，文字浅显易懂，让年轻家长掌握如何科学的育儿，让宝宝健康、快乐地成长。

温馨祝福：

希望宝贝能快速地吸收社会科学知识。

12.9　我的百宝箱

12.9.1　给孩子使用 iPhone 4S 时的注意事项

iPhone 4S 中大量的幼儿教育应用软件以及丰富的功能确实在孩子的启蒙教育上发挥着重要的作用，俨然相当于儿童早教机。但是如果孩子长时间面对着 iPhone 4S，会适得其反。

(1) 数码产品都有或多或少的辐射，如果长时间将 iPhone 4S 靠近脑部，有可能会造成脑细胞损伤。

(2) 两三岁的幼儿视力尚未发育成熟，而 iPhone 4S 很多画面都采用明亮的色彩，视觉刺激过于强烈，过长时间的注视会引发孩子视神经疲劳，甚至诱发近视。

(3) 婴幼儿在成长发育过程中，人与人的交流必不可少，如果长时间玩 iPhone 4S，则表达能力得不到锻炼，易导致语言发育迟缓。

所以家长要特别注意孩子使用 iPhone 4S 的方式和时间，让 iPhone 4S 成为孩子们的早教机的同时，还应注意孩子的健康成长，多让孩子接触大自然。

12.9.2　孩子乱按，担心会误删除重要的资料

方法一：

如果 iPhone 4S 上有重要的资料，最好先做一下备份，保存在电脑上，做到有备无患。如果误删除，可以通过恢复找回来。备份恢复方法见 5.1 节的相关介绍。

方法二：

如果嫌备份麻烦，可以通过限制访问功能来防止孩子访问特定的程序或功能。

❶ 在 iPhone 4S 的主屏幕上单击【设置】图标，在【设置】界面选择【通用】选项。

② 单击【访问限制】选项。

③ 单击【启用访问限制】选项。

第 13 章

让 iPhone 4S 个性十足

想让你的 iPhone 4S 完全属于你吗？无论桌面风格、内部内容和访问权限，让这一切都在你的掌握之中。

个性的年代，我型我就秀！

13.1 桌面管理

　　由于贪心，有趣的软件下了一大堆，把桌面弄得好乱，为了更便于以后自己和朋友玩，还是先打理一下这个"家"吧！

13.1.1 移动软件图标到合适的位置

　　想随意改变桌面图标的位置吗？跟我来！

　❶ 在 iPhone 4S 的主屏幕上长按某一个应用程序图标（例如：长按【设置】图标）。这时可看到主屏幕上的所有图标都在晃动，即进入编辑状态。

　❷ 拖动至合适的位置松开，然后单击【Home】键，即可改变图标的位置。

13.1.2　将软件图标分类放置

iPhone 4S 就像一个"家",而每个家中通常都应该有多间"屋子"。默认情况下安装的游戏都显示在主屏幕上,这就像一个家的所有人都站在了院子里,显得乱哄哄的。因此我们可以为下载的游戏建一个"屋子",让它们"走"进属于自己的空间。

01　使用 iTunes 为游戏软件添加分类

下面使用 iTunes 为游戏添加分类,而且在移动游戏时,可以同时移动多个程序,使用起来非常方便。

❶ 将 iPhone 4S 与 PC 连接,并在电脑中打开 iTunes。

❷ 单击左侧列表中的【龙数码的 iPhone】(设备名称)选项。

❸ 单击【应用程序】选项卡。

❹ 选中【同步应用程序】前面的复选框。

❺ 按住电脑中的【Ctrl】键,将某个页面中的所有游戏选中之后,拖动鼠标将其移动到指定页面中,如左图所示,将同一页面中的两个游戏移动至页面 3 中。

❻ 此时即可自动进入游戏所在页面,并显示移动到该页面的游戏。

❼ 按住【Ctrl】键,同时选择多个游戏,然后将其拖动到另外一个游戏图标上。

提示

用户选择并拖动游戏时,可以将任意一个游戏作为拖的目标,同时选择其余的所有游戏后,将其拖动到目标游戏上即可。

⑧ 此时产生一个新的文件夹，将文件夹名称修改为"趣味游戏"。

⑨ 单击窗口下方的【应用】按钮，即可开始保存对主屏幕中的应用程序进行的排列更改。

提示

　　此时如果在 iPhone 4S 上发现尚未出现在资料库中的应用程序，会弹出提示，单击【传输】按钮，即可先将应用程序传输到 iTunes 资料库中，再将对主屏幕的更改保存到 iPhone 4S 中。

要想将应用程序传输到电脑中，需将购买程序时使用的账号对电脑进行授权，详见本书 2.2 节

02 在 iPhone 4S 中为应用程序添加分类

　　不借助任何软件，在 iPhone 4S 中巧妙移动图标就可以创建文件夹，下面以【备忘录】和【记事本】图标为例详细介绍。

❶ 长按桌面上的某个图标，使桌面上的所有图标都处于可编辑状态后松开手指，此时将【提醒事项】图标拖入到【备忘录】图标中。

❷ 放开【提醒事项】图标，此时【备忘录】和【提醒事项】图标都处在新建的文件夹内了。

❸ 输入文件夹的名称，然后单击【完成】按钮即可。

❹ 单击【Home】键退出图标的编辑状态，此时主屏幕上会出现一个新的图标（在新建的图标中可看到其中的两个小图标）。

13.1.3 移除不需要的软件

在 iPhone 4S 中，安装的软件太多，就会占用很大的空间，这时，我们可对已经失去兴趣的软件"清理门户"，以腾出更多的空间，让更好玩的应用程序住进 iPhone 4S 这个家中。

下面就详细介绍一下删除应用程序【腾讯微博】的操作过程。

❶ 长按某一应用程序，使桌面处于"可编辑"状态（图标均处于"晃动"状态）。

❷ 单击【腾讯微博】图标上的黑色叉号。

❸ 在弹出的提示框中，单击【删除】按钮即可。

❹ 此时可以看到桌面上的【腾讯微博】图标被删除掉了。

⑤ 单击【Home】键退出删除状态。

> **提示**
>
> 在 iPhone 4S 中移除了某个应用程序，但是使用电脑同步后，卸载的程序如阴魂般又出现了！这时，我们可以将 iTunes 资料库中的程序删除，再次同步程序就能解决这种麻烦！

13.2 更改系统字体的大小

通过改变 iPhone 4S 的默认字体，将字体设置得足够大，可以让你在阅读短信、邮件以及备忘录时不伤眼睛。

① 在 iPhone 4S 主屏幕上单击【设置】图标。

② 在【设置】界面中单击【通用】选项。

❸ 在【通用】界面中单击【辅助功能】选项。

❹ 在【辅助功能】界面中选择【大文本】选项。

❺ 在【大文本】界面中选择字体的大小，这里单击【32磅文本】选项。

❻ 【备忘录】中显示的文本效果

提示

在【大文本】界面中选择【关闭】选项，可将字体还原为默认大小。

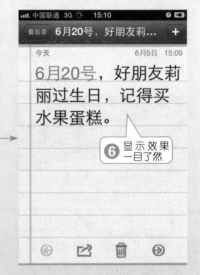

13.3　我的 iPhone 4S 我做主——更改权限

　　你一定在为 iPhone 4S 的安全使用担心吧，如果你掌握了 iPhone 4S 的一些使用小技巧，就会让你轻松玩转无烦恼。

13.3.1　设置自动锁定

　　在默认情况下，iPhone 4S 开启自动锁定功能，如果在设定的时间内没有进行任何操作，iPhone 4S 就会自动锁定手机触摸屏，防止用户意外开启程序。下面我们看一下，如何设置自动锁定的时间。

❶ 在主屏幕界面上单击【设置】图标。

❷ 在【设置】界面中单击【通用】选项。

❸ 在【通用】界面中单击【自动锁定】选项。

❹ 在【自动锁定】界面中选择合适的时间，这里选择【3 分钟】选项。

❺ 单击【通用】按钮，返回【通用】界面，可看到自动锁定时间已改为"3 分钟"。

13.3.2 设置密码保护

iPhone 4S 一旦被盗，其中的个人资料很有可能被他人盗取，通过简单的设置即可防止不良分子窃取重要数据。

❶ 在主屏幕上单击【设置】图标按钮。

❷ 在【设置】界面中单击【通用】选项。

❸ 在【通用】界面中单击【密码锁定】选项。

❹ 在【密码锁定】界面中单击【打开密码】选项。

❺ 在【设置密码】界面中输入密码。

❻ 再次输入密码。

❼ 在【密码锁定】界面中可以关闭密码和更改密码，在这里将不再详细赘述。

❽ 单击【抹掉数据】右侧的按钮 ，在弹出的列表中选择【启用】按钮，开启密码锁定。

提示

以后解除屏幕锁定时，如果连续 10 次输入错误密码，系统可删除 iPhone 4S 中的所有数据，防止 iPhone 4S 被丢后其他人打开 iPhone 4S 并窃取其中重要的资料。

13.3.3　设置家长约束

iPhone 4S 凭借其操作的便捷性俘获了很多孩子的心。然而，家长们很容易担心，自己的孩子会不会沉迷于其中的游戏或影视而影响到学习。

别担心，在 iPhone 4S 中设置家长约束后，孩子们就不能再随心所欲地安装游戏或看电影了。

01 启用访问限制

❶ 在主屏幕上单击【设置】图标按钮。

❷ 在【设置】界面中单击【通用】选项。

❸ 在【通用】界面中单击【访问限制】选项。

❹ 单击【启用访问限制】选项，即可弹出【设置密码】对话框，输入访问限制的密码。

⑤ 重新输入访问限制的密码。

> **提示**
>
> 　　以后再打开【设置】界面进入【访问限制】界面时，需要在弹出的【输入密码】对话框中输入这里设置的密码。

02 禁止某些应用程序

❶ 在【允许】列表中选择允许使用的应用程序，比如单击【Safari】右侧的 ◯ 按钮，当该按钮变成 ◯ 时，表示【Safari】程序已经被禁止使用。

❷ 在【允许】列表中可以设置安装或删除应用程序的权限。

03 允许观看部分电影

① 单击【分级所在地区】选项，即可在打开的界面中选择分级所在的地区（这里选择"美国"项）。

② 单击【影片】选项，在打开的界面中选择允许播放的影片级别（这里选择"G"级，即只能播放 G 级及其以下级别的影片）。

13.4 将喜欢的音乐设置为铃声

iPhone 4S 自带的铃声虽然经典，但听久了难免单调乏味，将铃声更改为自己喜欢的音乐或新歌吧，你会发现当电话响起时，周围会多出很多羡慕的眼神。

01　用 iTunes 制作铃声

① 启动 iTunes，在左侧列表【资料库】中单击【音乐】选项，在右侧的音乐库中找到喜欢的音乐，右击后在弹出的快捷菜单中选择【显示简介】菜单命令。

② 弹出【iTunes】对话框，选择【选项】选项卡，设置起始时间和停止时间，用以截取音乐中的某一段作为铃声，完成后单击【确定】按钮。

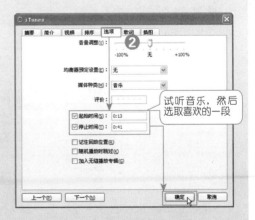

> 试听音乐，然后选取喜欢的一段

提示

iPhone 4S 的电话铃声不能超过40 秒，短信铃声不能超过 30 秒。

❸ 选中设置好的音乐，然后选择【高级】➤【创建 AAC 版本】菜单命令。

❹ 右击生成的同名 AAC 版本，在弹出的快捷菜单中选择【在 Windows 资源管理器中显示】菜单命令。

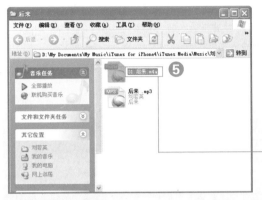

⑤ 在资源管理器中显示生成的 AAC 版本，这里需要将后缀 ".m4a" 更改为 ".m4r"。

⑥ 此时弹出【重命名】提示框，直接单击【是】按钮即可。

⑦ 由于更改后缀，【音乐】库中的 AAC 版本已经不可用，右击该 AAC 版本，在弹出的快捷菜单中选择【删除】命令。

❽ 在弹出的提示框中单击【删除歌曲】按钮，即可将所选中的原 AAC 版本从【音乐】库中删除。

❾ 在资源管理库中单击更改后缀后的 .m4r 文件，并将其拖曳至 iTunes 界面左侧的【资料库】列表下。

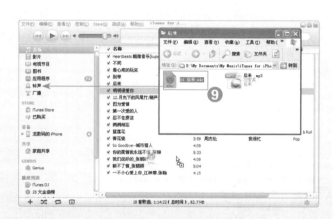

在左侧列表中单击【铃声】项，即可在右侧看到所制铃声已经添加至资料库的【铃声】列表下

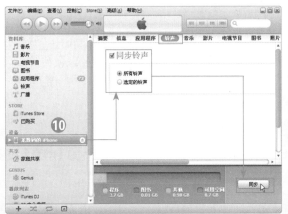

⑩ 连接 iPhone 4S 和电脑，在 iTunes 界面左侧选择设备名称，在右侧的【铃声】选项卡下选中【同步铃声】复选项，然后在其下方选中【所有铃声】单选项，完成后在底部单击【同步】按钮，即可开始将所选铃声同步至 iPhone 4S。

02 在 iPhone 4S 中更改铃声

❶ 同步结束后断开 iPhone 4S 和电脑的连接，在 iPhone 4S 的主屏幕上单击【设置】图标。

❷ 在【设置】界面中单击【声音】选项。

❸ 在【声音】界面可设置【静音】、【铃声和提醒】以及铃声类型，如要重设电话铃声，需单击【电话铃声】选项。

❹ 在【电话铃声】列表中即可看到新制作的铃声，单击该铃声，然后单击左上角的【声音】按钮。

❺ 此时即可返回到【声音】界面，看到【电话铃声】已经被更改，单击【短信铃声】可以重新设置短信铃声，具体操作和设置电话铃声类似，这里就不再赘述。

已经将新制作的铃声设为电话铃声

13.5 我的百宝箱

防止数据丢失

有时候，一个设备需要与多台电脑进行同步，由于资料库不一致，可能会导致部分数据丢失。这时候，我们就可将最后一次同步的电脑中的资料库保存在 U 盘上，当选取资料库时选择 U 盘上的资料库即可。这样就可以避免同步时由于资料库不一致而导致数据丢失的现象发生。

第 14 章

"越狱" 那点事

拥有 iPhone 4S 的人，或多或少都会在"越狱"这个问题上纠结。
到底越不越呢？该如何越呢？读完本小时的内容，相信你会有所收获。

不当牢囚，追求自由

14.1 完美 "越狱"

想"越狱",不难,几分钟的事儿!但前提是必须得准备充分,否则越狱会让你焦急难安!

14.1.1 "越狱"利弊知多少

"越狱",是指利用 iOS 系统的某些漏洞,通过指令取得 iOS 的 root 权限,然后改变一些程序使得 iPhone 4S 的功能得到加强,突破 iPhone 4S 的封闭式环境。

> **提示**
>
> 用户刚买回的 iPhone 4S 通常是封闭式的,是无法取得 iPhone 4S 操作系统的 root 权限的,因此也无法将一些好玩、好用的软件安装至 iPhone 4S 中。用户只能通过 iTunes 里的 iTunes Store 购买,这种方式使得很多用户被桎梏在苹果的管辖范围内。"越狱"不是必须的,但"越狱"后的 iPhone 4S,能够使用更多的软件。

不法黑客们会破解一些 iTunes Store 中原本收费的软件,供"越狱"用户免费安装,为了保护自己和他人的利益,提倡大家保护版权,远离盗版。"越狱"后用户可以实现以下功能。

(1) DIY 自己的 iPhone 4S。

(2) 安装需要的输入法,使文字输入更快。

(3) 实现多个应用程序之间共享文件。

"越狱"的弊端:

(1) 在使用一些破解软件时,可能会与系统不兼容,导致产生"白苹果"现象。

(2) "越狱"后的系统会出现一些漏洞,一些不法分子会利用这些漏洞安装一些盗号程序,如盗取 QQ 号、信用卡的账号和密码等。

(3) 如果没有备份 SHSH 文件,无法再恢复旧版本。

14.1.2 一键越狱

常规的越狱方法需要找与设备和系统版本相匹配的越狱工具,而 PP 越狱助手,就解决了这些麻烦,自动根据设备调出相应的工具和越狱方法,让你轻松完成越狱。

软件下载地址:http://www.25pp.com/。

提示

下载完毕后，将其解压出来并打开软件，然后连接设备，待软件识别后，单击软件主页面的【开始越狱】按钮，按软件操作提示进行越狱即可，越狱完成后，还需要对设备的系统打补丁，方法参见 14.1.3 小节。

14.1.3 首次添加源文件——安装系统补丁

重启 iPhone 4S 后，如果出现有 "Cydia" 图标，则表示 "越狱" 成功。但 "越狱" 成功并不表示 "越狱" 已经完美，因此还需要在 iPhone 4S 中安装 APPSync 软件，以保证越狱后的 iPhone 4S 能通过 iTunes 同步软件。

❶ 单击屏幕上的 Cydia 图标。

❷ 在打开的页面中出现 3 个按钮，这里单击【用户】按钮，然后单击【完成】按钮。

❸ 进入 Cydia 主页后，单击底部的【管理】按钮。

❹ 单击【软件源】选项。

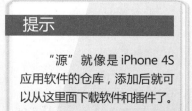

提示

　　"源"就像是 iPhone 4S 应用软件的仓库，添加后就可以从这里面下载软件和插件了。

❺ 进入软件源页面后，单击右侧的【编辑】按钮，然后再单击页面左侧的【添加】按钮。

❻ 在弹出的【输入 Cydia/APT 地址】对话框中输入 "http://cydia.hackulo.us"。单击【添加源】按钮,此时会弹出【软件源警告】对话框,单击【仍然添加】按钮。

❼ 之后开始更新软件源,待软件更新完成后,单击【回到 Cydia】选项。

❽ 之后可以看到在【软件源】选项中多出了新添加的源，这里单击【Hackulo.us】选项。然后单击"AppSync for iOS 5.0+"选项。

❾ 在弹出的对话框中单击【安装】按钮。在弹出的安装界面中单击【确认】按钮。

⑩ 待 系 统 自 动 下 载 并 安 装 AppSync 完成后，单击【重启 SpringBoard】按钮即可。

提示

至此，"越狱" 补丁已安装成功，并实现 iPhone 4S 的完美越狱。

14.2 "越狱" 失败不用急

　　在越狱的道路上，谁不曾为越狱成功而欣喜万分，谁又不曾为越狱失败而着急苦恼，这都是我们渐渐熟悉 iPhone 4S 的过程。越狱失败了并不可怕，找出原因，重新再来。

现象 1 Cydia 闪退现象

　　越狱的前半程路都极为顺利，但是当要为 iPhone 4S 打补丁时，出现 Cydia 闪退现象，导致不能添加源，以至不能完美越狱，此类现象主要存在 5.0.1 固件版本的越狱中。下面就给出解决的办法。

　　方法一：
　　在【设置】▶【通用】▶【多语言环境】▶【语言】中，将语言设置为【English】，其次进入 Cydia 中添加 "http://apt.178.com"，然后搜索 "iOS5Cydia" 找到 " ios5Cydia 中文崩溃解决补丁 "并将其安装，最后将语言改回中文即可解决 Cydia 闪退问题。

❶ 在【设置】➤【通用】➤【多语言环境】➤【语言】中，选择【English】并单击【完成】按钮，片刻后语言即会变为英文。

❷ 单击进入 Cydia，然后单击【Manage】（管理）选项。

❸ 依次单击【Sources】（软件源）➤【Edit】(编辑)➤【Add】（添加）选项，在对话框中添加 "http://apt.178.com" 源地址,单击【Add Source】(添加源)按钮。

❹ 添加完毕后，单击【第一中文源】选项。

❺ 进入该页面后，在文本框
中输入 "iOS5Cydia" 文字，
单击【Search】按钮，即可
搜索到 "ios5Cydia 中文崩
溃解决补丁"，单击该补丁。

❻ 在打开的界面中单击
【Install】按钮进行安装，
完毕后，退出 Cydia，将语
言设置为中文即可。

方法二：
我们可以使用工具对 Cydia 闪退现象进行一键修复，这个方法更为简单，也较为实用。
下面我们就用 PP 越狱助手对 Cydia 闪退问题进行修复。

连接设备后，单击【越
狱教程】，然后单击【修
复】按钮即可

现象 2 iPhone 4S 无法开机或白苹果现象

如果在越狱过程中，遇到 iPhone 4S 无法开机或白苹果现象，这也是越狱失败最为糟糕的事情。当然，并不是不可解决的，动起手来，没有万难。

❶ 长 按【Home+Power】 键，iPhone 4S 画面全变黑后，松开所有键。

❷ 按住【Home+Power】键，出现白苹果的图案后，松开【Power】键，继续按住【Home】键。

❸ iPhone 4S 出 现 USB 先 连 接 iTunes 的画面，松开【Home】键即可进入恢复模式。

❹ 使用数据线将 iPhone 4S 与电脑连接，在电脑中启动 iTunes，单击识别出的 iPhone 4S，然后单击【摘要】按钮，最后单击"版本"选项下的【恢复】按钮。

❺ 在弹出的提示框中单击【恢复并更新】按钮，即可将 iPhone 4S 恢复为出厂值。

14.3 固件升级

固件可以认为是苹果手持设备的操作系统,就像电脑中的 Windows XP。如果一台设备中没有固件,那么这台设备就像是一台没有操作系统的计算机,什么事情都做不了。下面就看一下如何给设备升级固件。

14.3.1 根据提示更新固件

苹果公司每隔一段时间就会发布新的设备固件,这些固件在原有的版本上会添加某些功能或修复某些漏洞。这时,iTunes 就会提示设备可更新,用户就可根据提示升级设备的固件。

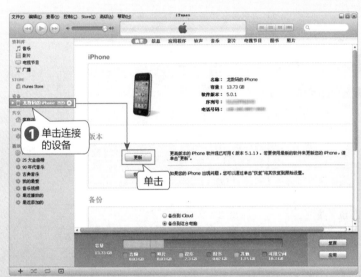

❶ 使用数据线将苹果手持设备与电脑连接,之后在电脑中运行 iTunes,在左侧单击连接的设备图标,在【摘要】选项卡下单击【更新】按钮。

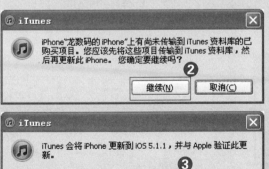

❷ 弹出【iTunes】对话框,提示用户先备份已购买项目,这里单击【继续】按钮。

❸ 在弹出的提示框中,单击【更新】按钮。

❹ 弹出【iPhone 软件更新】对话框，单击【下一步】按钮。

❺ 之后询问用户是否同意软件更新的许可协议，这里单击【同意】按钮。

下载软件、更新软件、验证软件及更新软件

❻ 片刻之后再次弹出【iTunes】对话框，提示用户已恢复出厂值，需要重启设备。这里单击【确定】按钮。返回到 iTunes 主界面，查看更新后版本的信息。

提示

升级后，可通过 iTunes 或 iCloud 备份进行恢复。

另外，如果之前苹果手持设备已经越狱了，则固件升级后为未越狱状态，需要重新进行越狱。

所以固件升级前要确认一下，要升级到的固件版本是否已经可以完美越狱。

14.3.2 手动升级固件

使用自动升级方式只能将固件升级到目前的最新版本，但是一般情况下最新版本都无法完美越狱。如果需要越狱，则需要将固件手动升级到可以完美越狱的版本，在手动升级前，还需要先下载要升级到的固件版本。

❶ 使用数据线将 iPhone 4S 与电脑连接起来。在电脑中运行 iTunes 软件，单击识别的设备名。

❷ 在【摘要】选项卡下按住【Shift】键的同时，单击【恢复】按钮。

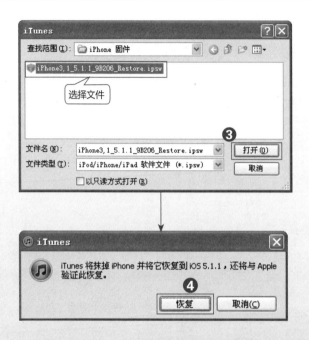

选择文件

❸

根据 iPhone 4S 的类型和自己的需要，可以到如下网站选择下载固件：

http://www.weiphone.com/ios/

http://www.app111.com/ios.html

❸ 在打开的【iTunes】对话框中选择下载的版本固件，并单击【打开】按钮。

❹ 在弹出的提示对话框中，单击【恢复】按钮后，等待固件更新即可。

提示

手动升级固件，虽然需要提前下载好固件，但比在 iTunes 中下载固件要节省时间。

另外，恢复之后所有的数据和设置都会被删除。

14.4 重装系统到未越狱状态

越狱之后，风险也会随之而来，例如，一些盗号软件趁虚而入，盗取用户的 QQ 账号、信用卡账号等。为了防止恶意软件被下载，因此，不建议用户进行越狱，如果用户越狱后后悔了，可以重新回到越狱前的状态。

❶ 使用数据线将 iPhone 4S 与电脑连接。在电脑中运行 iTunes 软件，单击左侧导航栏【设备】下的 iPhone 4S 图标。

❷ 在【摘要】选项卡下，按住【Shift】键的同时，单击【恢复】按钮。

提示

重回未越狱状态也就意味着重新对 iPhone 4S 的固件进行更新或者恢复出厂设置，iPhone 4S 中的资料会全部丢失，因此在此操作之前，可以先对 iPhone 4S 中的资料备份一下。

❸ 在打开的【iTunes】对话框中选择下载的版本固件，并单击【打开】按钮。

提示

恢复之后所有数据和设置都会被删除掉。

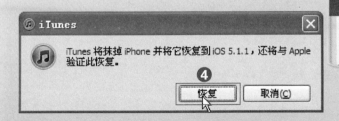

❹ 在弹出的提示对话框中单击【恢复】按钮。

14.5 我的百宝箱

越狱后安装的程序无法在设备上删除

越狱后安装的一些程序，突然玩腻了想删除掉，但是在设备上长按程序图标，其他程序左上侧都显示可卸载的状态，但是该程序却无法卸载。这时我们可以使用其他软件删除掉该程序。

这里我们使用 iTools 进行删除。

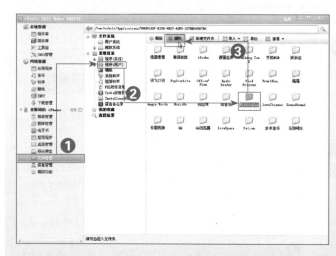

❶ 打开 iTools，连接 iPhone 4S 后，然后单击设备名称列表下的【文件管理】选项。

❷ 单击【程序（用户）】选项。

❸ 在右侧程序列表中单击要删除的程序文件，并单击【删除】按钮删除即可。

> **提示**
>
> 建议应用程序都选用 .ipa 格式的，其他格式可能会给 iPhone 4S 带来各种故障。

第 15 章

让你的 iPhone 4S 更完美

你想更好地展示你的 iPhone 4S 吗？你想让 iPhone 4S 陪伴你的时间更长一些吗？你想解决一些讨厌的手机故障吗……学习本章，让你的 iPhone 4S 更完美！

 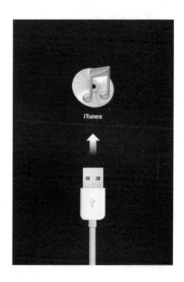

让你的 iPhone 4S 真正 High 起来!

15.1 机身保护

为什么同时买的手机，一段时间后我的伤痕累累，他的依旧如新？为什么他的屏幕完美如初，我的却出现许多划痕？这些都是为什么呢？如果你知道如何对自己的手机进行保护，就不会再为这些而烦恼了。

保护套

保护壳

在网上我们不难找到以生产苹果 iPhone、iPod touch 和 iPad 等便携产品的辅助型配件为主营业务的厂商（例如：Pinlo）。我们可以从中选购时尚的保护套或保护壳，为自己的 iPhone 4S 穿上 "衣服"，使之免受外界的伤害。

1. iPhone 4S 保护套

iPhone 4S 的保护套比较轻薄，在贴合紧致之余又可以妥善保护你的 iPhone 4S。另外，还具有优越的抗冲击性和减震性。

2. iPhone 4S 保护壳

iPhone 4S 的保护壳，表面经特殊涂层处理，外观精致，触感细腻。为你的 iPhone 4S 穿上超薄时尚的保护外壳，可让您的 iPhone 4S 独具风格。在不影响 iPhone 4S 完美外观和所有按键及插孔轻松操控的前提下，完善地保护 iPhone 4S 免受外界划伤和冲击，且丝毫不影响 iPhone 4S 使用内置闪光灯拍摄照片，让 iPhone 4S 长期使用后仍能保持完美无痕。

15.2 屏幕保护

为 iPhone 4S 加上一层保护膜，让爱机远离指纹和划痕的的困扰。

贴膜

1. iPhone 4S 一般保护膜

为爱机贴上保护膜，可以预防手机屏幕被刮伤或者留下指纹印。在贴膜之前需要使用拭镜布擦拭屏幕，确保屏幕的清洁，然后对准屏幕后，将隔离膜撕开一部分，将吸附层对准屏幕的边角，务必确保位置的正确，一边撕除隔离层一边抚平。

2. iPhone 4S 手机镜子膜

在 iPhone 4S 手机的主显示屏上贴上一款新颖的镜面膜。当主显示屏的背照灯熄灭时，可以作为镜子使用；当背照灯打开时，通过薄膜可以正常显示文字和图像内容。

当然，为了满足果粉的需求，市场上有许多千奇百怪的贴膜供用户选择，例如："亥伯龙水晶盾"贴膜，它采用日本进口环保材料超级静电吸附技术，可反复使用。不仅耐磨抗刮，还可增加书写的触感。

15.3 其他个性配件

想让你的 iPhone 4S 脱颖而出吗？那么你可以用 iPhone 4S 的周边配件来彰显个性。

1. Klipsch 的顶级耳机 Image X10

Klipsch 的 Image X10 是世界上最小最轻的全频耳塞式耳机，采用了专利的半透明"耳形硅胶"（Contour Ear Gel）技术，具有完美贴合人类耳道的优点，可减少耳部疲劳，达到优异的噪音隔离和改善低音响应。

2. 移动电源

iPhone 4S 的续航能力在智能手机中算是可圈可点的，但是当频繁使用一些比较耗电的功能（例如：Wi-Fi 上网的时候），iPhone 4S 就不一定能够坚持这么长时间了。所以 iPhone 4S 需要一款移动电源。例如：苹果周边制造商 MiLi 为 iPhone 4S 专门设计了一款体积超小的电源 Power Spirit。令 iPhone 4S 解决了续航性的同时又不失其便携性。

3. 专用镜头转接器

广大摄影爱好者可以借助"Photojojo"公司推出的 iPhone 4S 专用镜头转接器（主要由专用镜头转接器和铝合金的支架组成），将你的苹果 iPhone 4S 装入铝合金支架后便可利用接驳在转接器上的单反镜头进行拍照了。

提示

当然，iPhone 4S 还有许多其他的个性配件，在这里我们不再一一进行介绍。

15.4 优化系统

用户在使用 iPhone 4S 时，如果某一天发现变慢了，那就需要考虑对 iPhone 4S 进行内存优化了。

❶ 软件名称：内存优化大师
大小：3.59MB
运行环境：iOS 3.2 或更高版本

内存优化大师

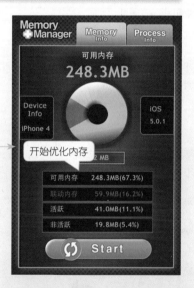

❶ 在 iPhone 4S 中下载并安装【内存优化大师】软件后，在主界面中单击图标打开该软件。

❷ 在打开的界面中单击【Start】（开始）按钮，开始自动对 iPhone 4S 内存进行优化。

提示

　　由于运行程序过多，内存不足，导致程序响应缓慢。此时，可重启 iPhone 4S 再进行使用。当然，有人觉得重启设备也是个麻烦事，使用内存优化大师清理一下内存会更好一些，也更彻底。

15.5 常见故障的解决方案

在使用 iPhone 4S 的过程中，难免会出现这样或那样的问题，让你焦头烂额。不用急，相信在这里，你可以谈笑间将"疑难"解决掉。

15.5.1 传说中的白苹果

在开机时出现白苹果画面，屏幕一直停留在这个画面，无法进入系统，那么很遗憾地告诉你，你中招了，这就是传说中的白苹果。不过先别担心，要相信纸老虎并不可怕，你可以解决的。

造成白苹果的原因有很多种，这里介绍常见的几种现象及解决办法。

现象 1：正常使用中出现白苹果现象
原因：多为外界环境过热或者 iPhone 4S 受到剧烈的震动，也有可能是因为第三方软件编写不完善。
解决办法：长按【Home+Power】键直到黑屏，再重新开机。

现象 2：安装软件、字体时出现白苹果现象
原因：系统不稳定或者软件、字体产生冲突所致。
1. iTunes 能识别 iPhone 4S 时的解决方法。

白苹果

【Power】键

【Home】键

❶ 使用数据线连接电脑和 iPhone 4S，并启动 iTunes，iTunes 识别出 iPhone 4S 后，先备份 iPhone 4S 中所有的资料。

② 卸载所有可疑的软件。在卸载软件之前一定要先关闭该软件。如果安装程序后，就已经开始出现"白苹果"，则可尝试使用 WinScp 或第三方资源管理软件访问 iPhone 4S，删除之前安装的软件文件夹。

2. iTunes 不能识别 iPhone 4S 时的解决办法

如果上述的两种方法对 iPhone 4S 都无效，且没有其他解决的办法，你可以选择重刷固件的方法。

重刷固件的方法相当于把 iPhone 4S 格式化，并重新安装系统，这样 iPhone 4S 中的数据也会被删除。

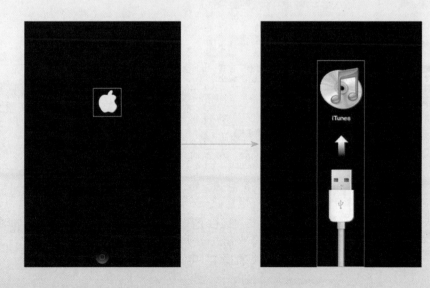

❶ 长按【Home+Power】键，iPhone 4S 画面全变黑后，松开所有键。

❷ 按住【Home+Power】键，出现白苹果的图案后，松开【Power】键，继续按住【Home】键。

❸ iPhone 4S 出现 USB 先连接 iTunes 的画面，松开【Home】键。

❹ 使用数据线将 iPhone 4S 与电脑连接，在电脑中启动 iTunes，单击识别出的 iPhone 4S，然后单击【摘要】按钮，最后单击"版本"选项下的【恢复】按钮。

❺ 在弹出的提示框中单击【恢复并更新】按钮，即可将 iPhone 4S 恢复为出厂值。

> **提示**
>
> 　　此时，也可自行下载官方固件，按住【Shift】键的同时，单击【恢复】按钮进行刷机。
> 　　要进行恢复操作，电脑需要联网。

15.5.2 充电故障

电池是 iPhone 4S 的心脏，是能量之源，在使用中会遇到充电故障，无法充电，以至不能正常使用。

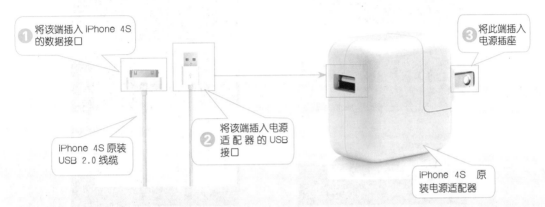

将 USB 2.0 线缆的一端连接在电源适配器上，一端连接在 iPhone 4S 上，在 iPhone 4S 的右上角显示百分比和带闪电的电源图标，就表示正在充电。

现象 1 出现电量不足图像

(1) 如果 iPhone 4S 电量较低，屏幕上会显示空白约 2 分钟左右，就会显示电量不足的图像。此时，iPhone 4S 处于较低电量状态，需要给它充电 10 分钟以上，才能够继续使用。

(2) 如果要想快速充电，请在 iPhone 4S 关机状态下，选用 iPhone 4S 电源适配器进行充电。

现象 2 提示不支持用此配件充电

将 iPhone 4S 连接到充电器上或其他充电设备上，屏幕中提示"不支持用此配件充电"的对话框或警示符号。其主要原因是电压不足和电源适配器不配套所致，所以在充电时，弹出"不支持使用此配件充电"字样的提示框，前者可能性较为普遍。

弹出"不支持用此配件充电"的对话框

此时，解决的方法是：

（1）如果在电脑上进行手机充电，请再次插拨数据线，尝试是否可以解决。建议将 USB 接口接入机箱后端的 USB 接孔中，前端 USB 接孔电压不足，容易出现此类问题。

（2）如果使用其他充电器进行充电，由于电源与 iPhone 4S 不配套，无法满足 iPhone 4S 充电，建议使用原装电源适配器进行充电。

现象 3 iPhone 4S 充不上电

在对 iPhone 4S 进行充电时，如果发现不能对 iPhone 4S 充电，可采用以下方法进行解决。

（1）充电时要使用原装的电源适配器和 USB 2.0 线缆，以免充不上电或对 iPhone 4S 造成损坏。

（2）检查使用的插座是否正常，可尝试换其他插座进行充电。

（3）如果不行，请尝试使用其他配套的电源适配器。

（4）如果使用电脑对 iPhone 4S 进行充电，使用数据线连接电脑，安装 ASUS Ai Charger 软件，并确保电脑为处于待机、睡眠模式。

（5）室内温度太低（0℃左右或以下），有时也无法充电，可以用毛毯盖住 iPhone 4S，待 iPhone 4S 温度升高后即可充电。

（6）电源适配器接口太脏，可使用干净的棉签擦拭接口处，然后对 iPhone 4S 进行充电。

（7）如果以上均不可以解决，可联系购买商或维修商更换或者维修设备。

现象 4 电源适配器插头与插座不配套

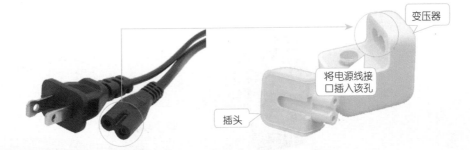

变压器

将电源线接口插入该孔

插头

iPhone 4S 的原装电源适配器是可以拆开的，由两部分组成，分为插头和变压器，主要考虑不同国家的插座标准，方便 iPhone 4S 用户旅行中为 iPhone 4S 充电的问题，只需购买一根 8 字形接口的电源线，至于长度完全根据自己需要，当然它也可以有效解决 iPhone 4S 数据线过短，以使自己不能边充电边玩的问题。而 8 字形接口的电源线一般在数码相机、打印机等上都会有该电源线。

在使用中，将 8 字形接口的电源线接口插入拆开的变压器上，即可连接电源进行充电。

当然也可以根据需要，选择三相插头，以满足出国等充电需求。

现象 5 户外充电问题

如果在户外，无法使用电源适配器对 iPhone 4S 进行充电，此时选择购买一个车载充电器对 iPhone 4S 充电，或者也可以购买一个移动电源保障 iPhone 4S 的电力续航，完全可以满足外出旅行、出差无法为 iPhone 4S 充电的问题。

(1) 车载充电

购买一个车载充电器，将车载充电器插到汽车上的点烟器上，然后使用数据线连接 iPhone 4S 和充电器，即可进行充电。

车载充电器

插入到汽车点烟器上

(2) 移动电源

移动电源只需提前将电源充满电，当 iPhone 4S 电量低时，连接移动电源即可进行充电。

移动电源

15.5.3 网络故障

电池是 iPhone 4S 的心脏，是能量之源，在使用中会遇到充电故障，无法充电，以至不能正常使用。

故障现象 1 Wi-Fi 信号微弱

解决办法：在使用 Wi-Fi 浏览互联网，查看电子邮件或者进行其他数据活动时，iPhone 4S 出现错误消息"无法连接到服务器"，并且 Wi-Fi 图标显示的信号非常微弱，可以尝试靠近无线路由器或在 iPhone 4S 中重启 Wi-Fi 功能。

故障现象 2 在不同的 Wi-Fi 网络之间切换，iPhone 4S 无法联网

解决办法：首先可以尝试打开飞行模式，然后再关闭飞行模式。其具体操作如下。

❶ 在主界面上单击【设置】图标。

❷ 单击【飞行模式】右侧的按钮，按钮变为 ，表示此时为打开状态。

❸ 稍等片刻，再次单击此按钮，关闭飞行模式。

如果问题仍然存在，可以尝试直接输入 Wi-Fi 网络的名称和密码来连接 Wi-Fi 网络。

❶ 在主界面上单击【设置】图标。

❷ 单击【无线局域网】选项。

❸ 单击【其他】选项。

输入网络名称，
选择安全设置后
输入密码

提示

　　【安全性】选项需与无线路由器中的安全性设置一致。

成功连接网络

❹ 输入网络名称，选择安全设置后输入密码。

❺ 单击【Join】按钮，即可开始连接网络。

故障现象 3 休眠后失去网络连接

解决办法：尝试一下操作，把显示屏亮度调高。

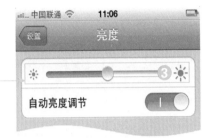

❶ 在主界面上单击【设置】图标。

❷ 单击【亮度】选项。

❸ 向右拖动此按钮调亮显示屏。

15.5.4 同步故障

故障现象 1 使用 iTunes 不能同步 iPhone 4S

解决方法：
1. 断开其他 USB 设备与电脑的连接，将 iPhone 4S 连接到电脑上的另一个 USB 2.0 端口。
2. 关闭 iPhone 4S，然后重新打开。
3. 若仍未解决，可重新启动电脑，并打开 iTunes，尝试解决。
4. 下载并安装（或重新安装）最新版本的 iTunes。

故障现象 2 无法同步应用程序

解决方法：
在 iPhone 4S 上使用的 Apple ID 账号必须已经授权了同步时使用的电脑，否则无法同步应用程序。

15.6 我的百宝箱

15.6.1 【Home】按钮无法正常工作

按下【Home】键后，屏幕没有变化，这可能是由以下两种情况导致的。

(1) iPhone 4S 反应过慢。这时可以轻按【开/关机】键关闭 iPhone 4S，等待几秒，然后轻按【Home】键唤醒 iPhone 4S。

(2)【Home】键受损。如果在执行所有的程序中都存在【Home】键反应迟钝或者无反应，就有可能是【Home】受损了，这就需要送修了。

15.6.2 怎样查看 iPhone 4S 的存储情况

用户可以随时查看自己 iPhone 4S 中的存储情况。方法为：

按 iPhone 4S 中的【Home】键，返回首页，单击【设置】图标，在打开的【设置】界面中单击【通用】➤【关于本机】选项，即可看到 iPhone 4S 中存储的歌曲、视频、图片、应用程序等的存储情况。